农牧交错带

牛羊牧繁农育关键技术和典型案例

NONGMU JIAOCUODAI
NIUYANG MUFAN NONGYU GUANJIAN JISHU HE
DIANXING ANLI

农业农村部畜牧兽医局
全 国 畜 牧 总 站　组编

中国农业出版社
北 京

编 委 会

编写人员

前 言
Foreword

. . . .

随着我国畜牧业结构的持续调整与优化升级，肉牛肉羊产业已进入转型期。目前我国肉牛肉羊产业尚面临先进技术落地较难、规模化标准化程度较低、抗风险能力不足等亟待解决的问题。为破解当前我国肉牛肉羊产业养殖困境，推动产业结构转型升级，促进高质高效发展，"十三五"期间，农业农村部畜牧兽医局启动实施了"农牧交错带牛羊牧繁农育关键技术集成示范"项目。

项目在农业农村部畜牧兽医局的总体设计和全国畜牧总站的组织协调下，以中国农业大学为主要实施单位，联合中国农业科学院、河北农业大学、西北农林科技大学、兰州大学、宁夏大学、内蒙古民族大学、山西省农业科学院、青海省畜牧兽医科学院、辽宁省现代农业生产基地建设工程中心等多家农业院校和科研院所，在农牧交错带的重点区域建设示范企业（合作社），针对肉牛肉羊生产中料、繁、育等关键环节的瓶颈问题，开展了科研创新、技术攻关、模式探索、试验示范、宣传推广等一系列工作，形成了可借鉴、可复制、可推广的牛羊牧繁农育关键技术体系，为农牧交错带草食畜牧业的协调、健康和可持续发展奠定了基础。

为贯彻落实《中华人民共和国乡村振兴促进法》《国务院办公厅关于促进畜牧业高质量发展的意见》以及农业农村部《推进肉牛肉羊生产发展五年行动方案》等对加快畜牧业高质量发展的要求，进一步发挥项目对我国肉牛肉羊养殖生产降成本、提效率、增收益、促发展的引领作用，并对项目成果进行梳理总结，农业农村部畜牧兽医局和全国畜牧总站组织项目专家编写了这本《农牧交错带牛羊牧繁农育关键技术和典型案例》，旨在为农牧交错带肉牛肉羊产业高质量发展提供借鉴与参考。

本书分为"技术篇"和"案例篇"。"技术篇"从肉牛、肉羊养殖等13项关键技术进行展开，详细介绍了每项技术的概况、技术路径、技术要点、技术效果、技术适用范围和推广使用的注意事项等内容；"案例篇"从北方农牧交错带贯通的8个省（区）共19家示范企业（合作社）的技术应用和经营案例进行展开，每个案例详细介绍了示范点基本情况、存在的问题、解决方案和企业（合作社）的经营模式等内容。书中牛羊牧繁农育关键技术和典型案例紧密结合，适合畜牧行业专业技术人员和广大从业者参考使用。

本书在编写过程中得到了行业专家同仁的大力帮助，在此表示由衷的感谢。因编者经验不足，水平有限，不足之处敬请广大读者批评指正。

编　者

2021年11月

目　录
Contents

■ ■ ■

案 例 篇

技术篇

JISHUPIAN

第一节　肉牛精准营养配方关键技术

一、技术概况

肉牛精准营养配方关键技术是"农牧交错带牛羊牧繁农育关键技术集成示范"项目（简称牧繁农育项目）正在重点示范推广的一项关键技术。这项技术涉及两项内容，一是肉牛营养需要，二是肉牛典型饲料配方。肉牛营养需要是指根据肉牛品种类型、性别、年龄、体重、生理状态和生产性能等情况，通过应用科学研究成果，并结合生产实践经验，所确定的肉牛需要供给的能量和各种营养物质的数量（比例）。简言之，它是有关肉牛的系统的成套营养定额，通常由一定形式的表格或模型来表述。肉牛典型饲料配方是根据其营养需要量和不同地区饲料资源制定的专门化的饲料配比方案，一般以饲料比例表示。

二、技术路径和技术要点

（一）针对产业存在的问题提出关键技术集成思路和方法

1. 我国肉牛饲养方面存在的突出问题

（1）**营养需要量标准严重滞后**　我国肉牛营养需要量标准［《肉牛饲养标准》（NY/T 815—2004）］作为农业行业标准颁布于 2004 年。我国肉牛产业经过 17 年的发展，牛的品种、饲养体系、生产水平和饲料牧草品种等都已经发生了巨大变化，这样一个 20 年前颁布的标准与今天肉牛产业发展的需求相比已经显得严重滞后，无法适应产业发展的需求。

（2）**饲料营养价值评定技术落后**　我国肉牛饲料种类繁多，各地饲料产品千差万别，加之生态环境和地域的差异，评价肉牛饲料营养价值的技术亟须标准化和统一化。但是，我国多年一直沿用传统的评价方法，尽管一些高校和科研单位的工作涉及模型化营养评价技术体系，但生产上没有建立起全国统一的肉牛饲料评价体系，导致大量饲料资源开发和利用严重落后于产业发展需求。

（3）**饲料配方整体水平低**　我国肉牛饲料配方水平整体落后于猪、禽和奶牛饲养业。除肉牛营养研究水平相对落后的原因外，更重要的是肉牛产业的基础薄弱，整体技术水平低，从业人员素质不高，对新技术和饲料配方的要求不迫切。这种现状导致肉牛产业始终在较低的养殖水平上徘徊不前，无法走上良性发展的道路。

2. 针对突出问题提出解决问题的思路和方法　针对我国农牧交错带地区肉牛产业存在的几个突出问题，提出在肉牛营养需要量与典型饲料配方领域技术集成的思路和方法。

（1）**筛选借鉴，为我所用**　世界肉牛业发达国家，如美国、法国、英国和澳大利亚等，在肉牛营养与饲养方面经历了几十年到一百多年的发展，积累了丰富的关于肉牛营养需要量和饲料配方的先进技术、知识和经验，为我国建立肉牛营养需要量标准和制定饲料配方方面提供了有益的借鉴。

（2）基于国情，集成创新 基于我国国情和农牧交错带地区肉牛养殖业的特点，重点借鉴美国肉牛营养需要（NASEM，2016）、法国反刍动物饲养体系（INRA，2018）、英国反刍动物能量与蛋白质需要量（AFRC，1993）、荷兰反刍动物营养需要量（CVB，2016）和澳大利亚家养反刍动物营养需要量（CSIRO，2007）的最新研究成果，通过集成创新，建立我国肉牛营养需要量指标体系和需要量模型。

（二）技术关键点和主要操作步骤

1. 技术关键点

（1）肉牛动态营养需要量和采食量 将我国100多个肉牛品种按照大、中、小体型进行分类，以体型为基础分别设定维持的营养需要量和采食量。根据不同体型大小、生产类型和性别进行模型校正，得出符合我国肉牛群体基本状况的维持营养需要量和采食量数据。将目前应用比较广泛的奶公牛也一并给出营养需要量和采食量数据。除应用代谢能、净能、代谢蛋白和代谢氨基酸的需要量等主要指标外，也加入了饲粮粗饲料比例、非纤维碳水化合物（NFC）、淀粉、中性洗涤纤维（NDF）和有效NDF需要量指标。在矿物质营养需要方面，除列出钙、磷、钾、钠、氯、硫、镁等常量元素和各种微量元素需要量外，特别给出了肉牛不同生长阶段钙磷比、阴阳离子差和镁钾钙比等需要量指标。这些内容不仅可以满足农牧交错带地区肉牛的营养需要，而且也能满足全国不同肉牛主产区生产的需要。

（2）中国肉牛饲料成分表 肉牛饲料成分表充分考虑了我国肉牛用饲料种类繁多的特点，收录我国南北方肉牛常用的饲料原料和商品化产品230多种。饲料编码参考国际饲料编码规则，由计算机自动给出。营养价值指标体系包括常规成分、代谢能和净能、代谢蛋白质与代谢氨基酸、纤维和淀粉、矿物质与维生素等。所有饲料原料的营养指标都是在实验室条件下采用官方规定的方法测定的。

（3）肉牛专用饲料配方软件 肉牛饲料配方通过软件由营养需要量和饲料成分表数据采用优化模型计算而来。配方软件在传统的优化功能基础上，又增加了软件应用后性能的评估功能。7项关键评估功能包括：营养总评，即配方实际营养水平与设定营养水平的比较；瘤胃氮能平衡评估；基于饲料有效纤维含量的瘤胃pH评估；限制性氨基酸平衡评估；矿物质（7种常量元素）和3个比（钙磷比、阴阳离子差、镁钾钙比）评估；代谢能决定的日增重和代谢蛋白决定的日增重平衡评估；饲粮配方饲喂后的盈利状况评估等。此外，本软件还具有饲料数据库、计算模型和营养需要量信息等每周或不定期更新的功能。

2. 技术应用的主要操作步骤

（1）饲料原料选购 主要是选购和储存常用的饲料原料。包括：粗饲料至少3种，如当地青干草或羊草、全株玉米青贮或黄贮、花生秧或甘薯秧等；谷物及副产品类精饲料原料至少3种，如玉米、大麦、小麦麸等；饼粕类至少5种，如大豆粕、棉籽粕、菜籽粕、花生粕、葵花粕等；副产品类至少3种，如玉米胚芽粕、玉米酒精糟、啤酒糟等；矿物质类至少考虑石粉、磷酸氢钙、食盐、小苏打、氧化镁、膨润土等；微量元素-维生素预混料宜选择大的饲料企业产品，注意使用阶段和推荐添加比例。要求每次备足可满足本场存栏牛20～30d所需要的数量。考虑到加工和贮存损耗等因素，可按3‰×本场牛群平均体重×头数×计划储备天数，来计算所需要备足的饲料原料总量。例如，本场150头肥育牛，平均体重320kg，预计25d储备量，那么一次需要贮存的饲料原料总量约为：320×0.03×150×25＝36 000kg（或36t）。

（2）饲料化学成分分析　企业需要将采购的饲料原料进行采样，每种原料采样量不少于1 000g（以干物质计）。对传统饲料原料的分析，可以参考肉牛饲料成分表的相关数据。对于某些不常用饲料原料，本企业如有实验室尽量自行分析，如果没有分析条件可以送有条件的机构进行分析。分析指标包括干物质、粗灰分、总可消化养分（TDN）、代谢能（ME）、维持净能（NEm）、增重净能（NEg）、糖、淀粉、粗脂肪、中性洗涤纤维（NDF）、酸性洗涤纤维（ADF）、木质素、粗蛋白（CP）、瘤胃降解蛋白（RDP）、可溶性蛋白、酸洗不溶蛋白、Ca、P、Mg、K、Na、Cl、S、Co、Cu、I、Fe、Mn、Mo、Se、Zn、维生素A、维生素E、维生素D等34项。

（3）饲料配方委托设计　示范企业或养殖农牧户可委托专家负责设计饲料配方。根据养殖企业提供的饲料成分分析报告，专家以"一牛星"肉牛专门配方软件为养殖企业量身定制设计饲料配方。由企业提出制定饲料配方的不同需求，专家具体实施。配方设计后，专家需要给出所配制配方的饲料成本和7项评估结果。其中要求配方的成本最低，如果是肥育牛，预期每头牛日盈利水平不低于10元。

（4）现场配料和饲喂　根据专家制定的饲料配方，肉牛示范企业或带动的养殖农牧户现场配制饲料。配制好的饲料每种不少于5t，并开始用于饲喂本企业的目标动物。同时，准备好相关记录簿和表格，用于新饲料应用的初步效果评估试验。

（5）饲喂效果观察与评估　将根据专家制定的饲料配方所配制的饲料饲喂目标动物一周后，重点观察新饲料饲喂后动物适口性、采食量的变化。如果养殖示范企业的条件比较好，可以监测新饲料饲喂后肉牛日增重、饲料转化效率或体况的变化结果，结合饲料成本和养殖效益等数据，对新配饲料做出全面的效果评估。

三、技术效果

内蒙古通辽市牧国牛业有限公司作为项目实施单位之一，利用牧繁农育项目专家提供的肉牛营养需要与典型饲料配方关键技术，开展了三项工作：①对企业的14种常用饲料原料进行了采样分析，获得了农牧交错带东北地区典型饲料原料营养成分的基础数据，包括主要能量饲料、蛋白质饲料和副产品饲料等；②进行了肉牛不同阶段的6种优化饲料配方在肉牛养殖中应用的效果评估，获得了一批有价值的基础数据；③对所带动的农牧区养殖户开展了全方位的技术服务，不仅有肉牛饲养方面的理论讲授，而且有现场实操训练，取得了令农牧民满意的效果。在项目实施过程中，专家与示范企业、示范企业与带动的农牧民养殖户之间，针对项目任务有明确的分工合作。项目专家承担饲料配方、关键技术应用培训和技术服务等任务，示范企业负责配方饲料的制作与加工，同时示范企业和带动的农牧民养殖户开展配方饲料的应用及效果评估。

肉牛营养需要与典型饲料配方关键技术的示范推广，使不同生长和繁殖阶段的肉牛应用适宜的配方饲料，肥育牛的生长速度比原来提高了11.5％，繁殖母牛的流产率降低了23％，犊牛成活率提高了32％。饲料成本降低，养殖效益得到提升。由于配方饲料的营养符合不同阶段肉牛的营养需要，加之批量购买饲料原料的成本相对较低，肥育肉牛每千克增重的饲料成本降低了8％以上。示范企业和带动的农牧民养殖户肉牛养殖总体技术水平得到提升。通过关键技术的实施，示范企业员工的科技意识得到加强，学习知识、用知识带动养殖户共同致富的自觉性增强。在推广肉牛营养需要与典型饲料配方等牧繁农育一系列关键技术的基础上，示范企业建立了"政银险企农、科技加金融"的牧国肉牛产业带动模式。

甘肃祁连牧歌实业有限公司作为牧繁农育项目实施单位之一，利用项目专家提供的肉牛营养需要与典型饲料配方关键技术，开展了两项工作：①对企业的11种常用饲料原料进行了采样分析，获得了农牧交错带西北地区典型饲料原料营养成分的基础数据，包括主要能量饲料、蛋白质饲料和副产品饲料等。在此基础上，进行了肥育肉牛不同阶段优化饲料配方应用的效果评估；②对所带动的10个肉牛养殖户开展了全方位的技术服务。在项目实施过程中，专家与示范企业、示范企业与带动的农牧民养殖户之间针对项目任务有明确的分工合作。项目专家承担饲料配方、关键技术应用培训和技术服务等任务，示范企业负责配方饲料的制作与加工，示范企业和带动的农牧民养殖户开展配方饲料的应用及效果评估。

肉牛营养需要与典型饲料配方关键技术的示范推广，使不同生长阶段的肥育牛应用不同的配方饲料，肥育牛的生长速度比原来提高了12.3％，每千克增重的饲料成本降低了7.6％。示范企业和带动的养殖户肉牛养殖总体技术水平得到提升。通过关键技术的实施，示范企业员工的科技意识得到加强，学习知识、用知识带动养殖户共同致富的自觉性增强，成为当地有名的养殖和加工示范企业。

四、技术适用范围

肉牛精准营养配方关键技术适用于农牧交错带地区内蒙古、山西、河北、陕西、甘肃、宁夏和青海等典型区域的肉牛示范基地或合作社，用于指导肉牛养殖企业或农牧民养殖户进行科学饲料配方的制定和科学饲喂，目标是合理选择饲料原料、按照肉牛的营养需要量标准制定饲料配方、维持最低饲料成本和提高肉牛养殖效益。

五、技术推广使用的注意事项

1. 有必要指导肉牛养殖企业和农牧民养殖户正确选择和应用配方饲料。与全国大多数肉牛养殖地区的情况一样，农牧交错带地区广大肉牛养殖企业和农牧民养殖户在选择饲料方面存在着有啥喂啥的情况，对配方饲料养殖肉牛几乎没有概念，对配方饲料的优势也不了解。这就需要项目实施单位在任务的顶层设计方面增加专家为企业和农牧民养殖户提供的具体指导内容，教育他们在生产中应用配方饲料养牛。

2. 有必要对肉牛养殖企业和农牧民养殖户开展技术、知识和管理培训。农牧交错带地区肉牛养殖企业和农牧民养殖户在肉牛养殖科学知识、技术和管理的掌握方面总体上还很缺乏，导致他们对科学饲料配方应用在肉牛杂交优势的发挥、肉质改善和效益提升方面的重要性缺乏足够的认识。所以，需要项目对接专家对肉牛养殖企业和农牧民养殖户开展有计划和有针对性的肉牛生产技术、知识和管理方面的培训。

3. 要正视肉牛养殖企业和农牧民养殖户的持续性技术服务问题。目前，"农牧交错带牛羊牧繁农育关键技术集成示范"项目正在实施过程中，所有参与项目的肉牛养殖企业和农牧民养殖户都可以从项目对接专家那里得到所需要的各种技术服务。但是，一旦项目结束，这些肉牛养殖企业和农牧民养殖户所出现的技术困难如何解决？这将影响肉牛养殖企业和农牧民养殖户的发展，甚至影响其效益的提升。

第二节　肉用母牛扩群增量及犊牛培育关键技术

一、技术概况

肉用母牛是肉牛产业的基础，但目前国内肉用繁殖母牛的繁殖性能远不能满足产业发展的需求，很难做到一年一胎。由于肉牛养殖过程中容易出现母牛过肥或者过瘦体况，引起母牛难产或者屡配不孕，造成母牛繁殖周期延长，减少了肉用母牛的生产胎次，缩短了肉用母牛的使用年限，进而影响了肉牛的存栏数量等。另外，公牛和母牛的选配工作不足，有可能造成妊娠的胎儿过大，母牛难产的情况。

对于处于繁殖期的母牛群而言，肉用母牛体况评分体系是繁殖母牛养殖的核心，体况评分为衡量肉牛体脂和营养储备提供了一种简易操作的可靠方法。通过对牛群进行体况评分，可以为提高母牛繁殖力和评价饲养管理水平提供保障，并帮助育犊母牛企业评估牛群在某一特定时期的饲养效果，进而为调整日粮配方和饲喂量提供重要依据。母牛繁殖期的管理以及公、母牛的选种选配对于发挥肉用母牛的繁殖功能，提高受胎率，增加犊牛成活率至关重要。肉用母牛扩群增量及犊牛培育关键技术的推广和示范将对扩大我国肉牛群体数量，增强产业的乡村振兴功能发挥重要作用。该技术的推广和使用将为促进我国肉牛生产提供强有力的技术支撑。

二、技术路径和技术要点

(一) 针对产业存在的问题提出关键技术集成思路和方法

农牧交错带肉用母牛的饲养管理水平参差不齐，规模化企业在"农牧交错带牛羊牧繁农育关键技术集成示范"项目（简称牧繁农育项目）专家和示范点的带动下，具备了较强的科技应用水平，但相关养殖户仍处于初级养殖阶段，养殖户的成本高而收益较低。因此，肉用母牛繁殖及犊牛培育关键技术集成的主要思路为：从规模化养殖企业出发，构建易于实施的涉及肉用母牛及犊牛饲养管理过程的关键技术集成，在带动的农户中进行示范推广，评估并完善技术集成。在此基础上，根据养殖场户的养殖方式与养殖规模提出较为合理的个性化肉用母牛繁殖及犊牛培育方案。

肉用母牛扩群增量及犊牛培育关键技术主要针对规模化牧场所涉及的母牛与犊牛生产过程中的各种问题，集成能繁母牛从配种到产犊这一过程中的繁殖相关技术，以及犊牛初生至断奶过程中的饲养管理相关技术，主要包含母牛的选种选配、繁殖技术、营养管理、妊娠管理等，还包括犊牛助产技术、初乳管理技术等，从而提升肉用母牛及犊牛饲养管理水平和企业的经济效益。

（二）技术关键点和主要操作步骤

肉用母牛繁殖的核心技术为体况评分，即通过观察和触摸肉牛身体的关键部位，对母牛的营养储备状况进行评分。调整母牛的饲粮营养水平，避免母牛体况过肥和过瘦。对母牛的品种和体型大小进行评估，选择适宜品种的公牛进行配种。尽量调整母牛的繁育周期，做到一年一胎，配种和产犊季节相对集中，减少劳动的强度，便于安排生产活动。

具体技术要点为：

1. 开展母牛体况评分　肉用母牛在一个繁殖周期内应进行 3 次评定，第 1 次评定在产犊前 30d 左右；第 2 次评定在产犊后 60d 左右；第 3 次评定在妊娠后 180d 左右。待评母牛评分关键部位如图 1-1 所示。不同体况评定分值的特征描述见表 1-1。初产母牛需要足够的营养，配种阶段母牛的标准体重应为其成年体重的 65%～70%，体况评分为 5～6 分。成年母牛在产后其体况评分一般会有 1 分的下降。配种时成年母牛的体况评分值应为 5～6 分。

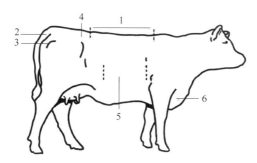

图 1-1　肉用母牛体况评分关键部位
1. 脊柱　2. 尾根　3. 坐骨端　4. 腰角　5. 肋部　6. 胸部

表 1-1　肉用母牛体况评分细则

体况类型	体况评分	评分细则					
		全身肌肉发育程度	胸部脂肪沉积	可见肋骨根数	脊柱轮廓	尾根脂肪沉积	腰角-坐骨端接合区凹陷度
瘦弱型	1	萎缩	不可见	7～8	清晰	不可见	强 V 形
	2	轻度萎缩	不可见	7～8	清晰	不可见	V 形
偏瘦型	3	不发达	不可见	6～7	清晰	不可见	浅 V 形
理想型	4	较发达	不可见	3～5	较清晰	不可见	深弧形
	5	发达	不可见	1～2	不清晰	微量	浅弧形
理想型	6	发达	少量	0	不清晰	少量	微弧形
偏肥型	7	发达	较多	0	不清晰	较多	平直
肥胖型	8	发达	多	0	不清晰	多	微拱形
	9	发达	过多	0	不清晰	过多	拱形

2. 进行适时配种 适时配种是提高母牛繁殖率的重要措施。一般母牛在产后的第1～3个情期发情排卵比较正常，也较易受胎，而超过3个情期配种，则易造成母牛配种受胎率降低。若采用自然交配的方法，将公、母牛同群饲养，发情母牛被公牛发现后随时进行配种。1头公牛的年配种量为50～60头母牛，青年公牛配种量减半。配种季节2个月左右，其后将公牛从母牛群中移出。若采用人工授精的方法，要做好母牛的发情鉴定工作，做到适时配种。养殖场的工作人员须做到及时检查母牛是否发情，并在发情后的4～18h及时对母牛进行输精作业，避免错过最佳的配种时间。在母牛配种后，还要做好早期的妊娠检查工作，做好未孕母牛的复配工作，这是提高母牛受胎率的重要措施。

3. 加强妊娠诊断 母牛配种后35d进行检查。在确认母牛已妊娠后，加强日常管理，并保证营养，每天进行2～3h的运动与光照，母牛妊娠期间一定的运动量可以对胎儿发育起到促进作用，减少母牛难产风险。放牧期间避免对妊娠母牛进行暴力驱赶，以防受到惊吓后相互碰撞。对于没有妊娠的母牛要及时查找原因，采取相应措施进行补配，以减少空怀时间，缩短产犊间隔。

4. 分阶段科学饲养 根据母牛不同妊娠时期的营养需要差异提供适宜的饲草料。对于青年母牛来说，需要在15月龄的时候完成配种，这样才能保证在24月龄的时候产犊，这个时期要求其日增重在0.7～1.0kg，在配种时其体重要达到成年体重的65%～70%，体况评分要在5～6分。对于成年母牛和青年母牛妊娠初期（1～3个月）适当饲喂苜蓿干草、青绿饲料或者谷物青贮饲料。妊娠中期（4～6个月）的母牛除应该保证充足的能量和蛋白质外，还应该注重补饲矿物质和维生素，尤其是在粗饲的情况下，特别要注意钙、磷的搭配，要保证母牛每天有微量元素和矿物质的摄入，同时要适量补饲食盐，以保证动物有足够的采食量。母牛妊娠后期（7～9个月），由于胎儿的迅速发育，需要额外增加0.5～1.0kg的精饲料，但饲喂量不宜超过妊娠母牛体重的1%；胎儿日益长大，胃肠道受压，从而使瘤胃容积变小，采食量减少，这时应该饲喂一些易于消化和营养浓度高的粗饲料，并补充维生素、钙、磷等矿物质。如果这一阶段营养不足，将影响青年母牛体格和胚胎的发育。如果营养过剩，将导致肥胖，引起难产及产后综合征等。

以西门塔尔成年母牛为例，妊娠初期的饲料配方及营养组成见表1-2和表1-3；妊娠中期的饲料配方及营养组成见表1-4和表1-5；妊娠后期的饲料配方及营养组成见表1-6和表1-7。

表1-2　西门塔尔成年母牛妊娠初期饲料配方

原料名称	干物质配比（%）
小麦	7.76
普通玉米	5.00
大豆粕（普通）	5.00
小麦麸	2.47
食盐	0.80
棉仁粕（国标1级）	0.64
预混料	0.50

（续）

原料名称	干物质配比（%）
石粉	0.46
大麦	0
全株玉米青贮	20.00
小麦秸	57.37
燕麦青干草	0

表 1-3　西门塔尔成年母牛妊娠初期饲料营养组成

营养素名称	计量单位	配方营养
干物质	kg	15.40
总消化养分（TDN）	%	60.57
粗蛋白（CP）	%	9.64
物理有效中性洗涤纤维（peNDF）	%	48.25
非纤维碳水化合物（NFC）	%	28.45
淀粉	%	16.00
瘤胃降解蛋白（RDP）	%	6.14
钙（Ca）	%	0.44
磷（P）	%	0.22
食盐（NaCl）	%	0.78
代谢能（ME）	Mcal/kg	2.19
维持净能（NEm）	Mcal/kg	1.32
瘤胃氮能平衡（RNEB）	%	−0.16
代谢蛋白（MP）	%	6.00
代谢赖氨酸（MLys）	%	0.96
代谢蛋氨酸（MMet）	%	0.37
阴阳离子差（DCAD）	mEq/kg	110.72
粗饲料	%	83.97
关系式 1		2
关系式 2		2
关系式 3		3.13
关系式 4		2

注：以上是每千克干物质的营养素含量；

1cal≈4.186J，下同；

关系式 1＝钙/磷；

关系式 2＝钙/磷；

关系式 3＝钾/钠；

关系式 4＝钾/（镁＋钙）。

表 1-4　西门塔尔成年母牛妊娠中期饲料配方

原料名称	干物质配比（%）
小麦麸	7.43
小麦	5.83
普通玉米	5.00
大豆粕（普通）	5.00
食盐	0.80
预混料	0.50
石粉	0.46
棉仁粕（国标 1 级）	0
大麦	0
全株玉米青贮	20.00
小麦秸	54.98
燕麦青干草	0

表 1-5　西门塔尔成年母牛妊娠中期饲料营养组成

营养素名称	计量单位	配方营养
干物质	kg	13.90
总消化养分（TDN）	%	60.85
粗蛋白（CP）	%	9.61
物理有效中性洗涤纤维（peNDF）	%	46.55
非纤维碳水化合物（NFC）	%	28.54
淀粉	%	16.00
瘤胃降解蛋白（RDP）	%	6.14
钙（Ca）	%	0.43
磷（P）	%	0.25
食盐（NaCl）	%	0.78
代谢能（ME）	Mcal/kg	2.20
维持净能（NEm）	Mcal/kg	1.33
瘤胃氮能平衡（RNEB）	%	-0.16
代谢蛋白（MP）	%	5.99
代谢赖氨酸（MLys）	%	0.99
代谢蛋氨酸（MMet）	%	0.38
阴阳离子差（DCAD）	mEq/kg	115.90
粗饲料	%	82.28

（续）

营养素名称	计量单位	配方营养
关系式 1		1.7
关系式 2		1.7
关系式 3		3.17
关系式 4		2

注：以上是每千克干物质的营养素含量；

关系式 1＝钙/磷；

关系式 2＝钙/磷；

关系式 3＝钾/钠；

关系式 4＝钾/（镁＋钙）。

表 1-6　西门塔尔成年母牛妊娠后期饲料配方

原料名称	干物质配比（%）
大豆粕（普通）	16.40
小麦	7.26
普通玉米	5.00
小麦麸	2.11
石粉	0.73
食盐	0.52
预混料	0.50
棉仁粕（国标 1 级）	0
大麦	0
全株玉米青贮	20.00
小麦秸	47.48
燕麦青干草	0

表 1-7　西门塔尔成年母牛妊娠后期饲料营养组成

营养素名称	计量单位	配方营养
干物质	kg	14.30
总消化养分（TDN）	%	63.41
粗蛋白（CP）	%	13.60
物理有效中性洗涤纤维（peNDF）	%	41.46
非纤维碳水化合物（NFC）	%	29.83
淀粉	%	16.00
瘤胃降解蛋白（RDP）	%	8.25
钙（Ca）	%	0.54
磷（P）	%	0.27
食盐（NaCl）	%	0.50

（续）

营养素名称	计量单位	配方营养
代谢能（ME）	Mcal/kg	2.29
维持净能（NEm）	Mcal/kg	1.42
瘤胃氮能平衡（RNEB）	%	1.57
代谢蛋白（MP）	%	7.73
代谢赖氨酸（MLys）	%	1.16
代谢蛋氨酸（MMet）	%	0.41
阴阳离子差（DCAD）	mEq/kg	50.00
粗饲料	%	77.35
关系式1		2
关系式2		2
关系式3		4.87
关系式4		1.8

注：以上是每千克干物质的营养素含量；
关系式1＝钙/磷；
关系式2＝钙/磷；
关系式3＝钾/钠；
关系式4＝钾/（镁＋钙）。

5. 控制产犊季节 肉用母牛养殖场需要合理安排繁殖计划（图1-2）。安排好母牛的配种时间，采用同期发情技术让全群或者某一群母牛同时发情，进而配种。控制好母牛的产犊期，产犊季节控制在60d左右。协调养殖生产，使牛舍和设备得到充分合理的使用，可以有效地提高母牛繁殖率。采用这种方式生产的犊牛断奶时体重比较均一，市场接受度较高，而且可以在配种季节和产犊季节集中使用劳动力，减少长时间雇佣劳动力的成本，并且实施季节性产犊的方式，可以对妊娠母牛进行统一的营养管理，减少因为分群带来的应激和成本增加。

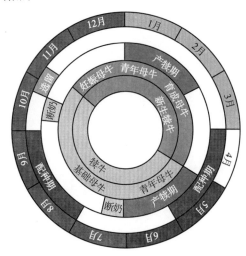

图1-2 肉用母牛一年一胎的繁殖计划示意

6. 做好日常管理　除了要加强日常的饲养管理外，还要做好母牛产后的护理工作和饲养工作，以促进母牛体质和生殖器官的快速恢复，从而防止母牛患病。做好母牛各项疾病的预防工作，尤其是对与繁殖系统相关的一些疾病的预防，对于提高母牛的繁殖率非常重要。母牛产犊后要尽快将带犊母牛和妊娠母牛分群，这样可以保证各自都能满足营养需要。在产犊季要对初产母牛进行格外关注，因为初产母牛出现繁殖问题的概率是经产母牛的5倍。产犊季也应该注意对母牛进行矿物质的补充，尤其是一些特殊的微量元素需要额外的添加。要做好产房的清理工作，保证地面的干燥，同时要保证助产的方便性，母牛进出的便利性。要注意观察母牛是否表现出良好的母性，如是否主动哺乳犊牛，需要观察乳头是否湿润，确保犊牛能够有充分的营养补充。

三、技术效果

2019年至今，肉用母牛扩群增量及犊牛培育关键技术在北方农牧交错带内蒙古、河北、辽宁、宁夏、陕西、甘肃、山西和青海等8个地区推广示范，获得良好效果。山西省农业科学院畜牧兽医研究所试验牛场、通辽市牧国牛业有限公司、陕西秦宝牧业有限公司（简称秦宝牧业）和甘肃祁连牧歌实业有限公司，采用该技术对繁殖母牛群进行体况监测，并根据实施的效果调整技术的实施操作规程，最终提高了母牛繁殖率和犊牛的成活率，增加了牛群的数量。以陕西省杨凌示范区秦宝牧业有限公司推广的效果为例。目前，秦宝牧业存栏牛4 300头左右，妊娠母牛杨凌场和岐山场共1 700头左右，杨凌1 330头，岐山360头左右，核心育种场有安格斯牛400多头，核心育种群包括种公牛、种母牛和后备青年纯种安格斯牛、和牛。目前肉用母牛繁殖技术已取得较好的效益，主要体现在产犊上，2020年上半年增加1 000～1 200头犊牛存栏量。

应用该技术可提高肉用母牛群繁殖成活率10％以上，缩短犊牛胎间距45d左右，提高母牛饲料利用率5％以上，母牛每头平均降低成本300元以上，同时结合良种繁育技术且生产过程中减料、减药，有力地保证了肉牛群体数量的增加，达到了扩群增量、提质增效的作用。目前，在秦宝牧业主要集成了减少应激反应、犊牛常见疾病的预防与治疗等技术。该技术实施以来，安格斯牛良种繁育配种总受胎率达到90％以上，产仔成活率达到95％以上，良种率达到85％以上。哺乳犊牛成活率95％，育成牛成活率98％，母犊牛断奶时进行第一次选择，留种率为90％；育成牛转入母牛群时进行第二次选择，留种率为95％。此外，秦宝牧业目前已形成国家级安格斯牛核心育种群302头，优秀纯种后备母牛群1 500头，为核心群提供优秀的种质资源。形成完善的母牛管理方案和富有经验的基础母牛管理团队，在满足自身母牛养殖管理的同时，能够充分发挥育种场对周边的辐射作用，为农牧交错带肉牛养殖技术集成推广作出有效的示范。

四、技术适用范围

肉用母牛扩群增量及犊牛培育关键技术主要适用于农牧交错带地区育犊母牛的养殖。

五、技术推广使用的注意事项

1. 母牛的营养水平不可过高，也不可过低，保持合适的体况评分，根据胎儿的发育情况和母牛产奶带犊牛情况，分阶段精准养殖。

2. 犊牛培育阶段，要始终注意畜舍的卫生状况，做到"三勤"（勤打扫、勤换垫草、勤观察），保持犊牛舍干燥卫生。

3. 要及时观察犊牛的精神状态、粪便状态以及脐带变化，发现异常应及时处理，防止恶化或大面积传播，避免造成更大的损失。

第三节　肉牛育肥关键技术

一、技术概况

北方农牧交错带地区肉牛养殖模式多种多样，架子牛交易后开展育肥牛养殖已经十分普遍，这在一定程度上能够为我国农村农业经济发展创造良好的条件。对于育肥牛的养殖工作，需要从业人员做好各方面的准备工作，如养殖技术、养殖管理、疾病预防等。肉牛育肥时间相对比较短，资金占用的情况比较严重，精饲料水平高，极易发生营养性代谢疾病。因此，需要牧繁农育项目的技术专家更好地衔接各项技术服务工作，帮助养殖户更好地认识肉牛育肥养殖关键技术。肉牛育肥关键技术集成了肉牛接收期过渡和肉牛分阶段育肥。该技术主要利用农牧交错带地区生产的犊牛或架子牛，通过运输到达农区，采用当地相对丰富的谷物饲料资源，通过科学的精准饲喂，使肉牛肌肉迅速生长，脂肪快速沉积，直至达到出栏体重。该技术在农牧交错带地区进行示范推广，很好地带动了农牧民养牛的积极性，助推了农牧民脱贫致富。

二、技术路径和技术要点

（一）针对产业存在的问题提出关键技术集成思路和方法

北方农牧交错带肉牛育肥工作仍然存在的问题包括肉牛谷物饲料加工不足或者过度加工、不重视育肥肉牛品种的选择、育肥饲槽管理不到位、营养管理缺乏精准性。

在农牧交错带地区推广肉牛育肥技术时需要考虑肉牛的品种、年龄、性别以及牛肉的目标市场等。解决的思路如下：①品种是影响肉牛育肥效果的重要因素，肉牛的育肥效果和遗传有着极显著的关系，一般情况下肉用牛的生命周期比奶牛和役用牛短，因此，要尽快出栏屠宰，以节约饲养成本；②性别对肉牛的增重也有明显的影响，相同的饲养条件下，公牛的增重最快，其次是阉牛，母牛增重较慢；③肉牛的年龄不仅影响其增重，同时还会影响其牛肉品质，年龄较大的肉牛增重会相对较慢，并且其采食的能量更多以脂肪的形式进行沉积，肌纤维的直径会增加，进而降低牛肉的嫩度。

（二）技术关键点和主要操作步骤

1. 育肥牛的选择　牛品种选择，如果定位大众化牛肉市场，可选择西门塔尔牛、夏洛莱牛、荷斯坦牛等；如果定位高端牛肉市场，可选择利木赞牛、安格斯牛、和牛等品种。牛性别选择，优先选择专门肉用品种的公牛，其次可选肉用品种公牛与本地牛的杂交后代公牛，也可选择荷斯坦牛公牛犊，其次也可选择母牛犊。

牛的月龄选择按照育肥方式确定，青年牛育肥宜选购断奶不久、体重150kg以上的牛；架子牛育肥选购体重250kg以上，未经育肥的牛。育肥期可根据预算设定，一般3～6个月，最长不超过18个月，生产高档牛肉要求肉牛出栏月龄不超过30月龄。架子牛进场需要隔离2周进行观察、驱虫和健胃；合格的牛按照性别和体重（±30kg）分群和补打耳标。

2. 饲料的选择　牛的饲料包括精饲料和粗饲料两部分。精饲料方面，规模化肉牛企业可以自建小型饲料厂，或者与饲料（原料）生产企业实现"点对点"订单式购销或提供饲料配方代加工，养殖户可考虑以村或合作社为单位协商统一采购。精饲料包括玉米、豆粕、麦麸等，必要时可用小麦、大麦、高粱等替代一部分玉米，或用棉籽粕、花生粕、尿素等替代一部分豆粕以降低成本。粗饲料可以就近就地采用多种农副产品、青饲料作物、青绿植物和瓜果蔬菜等，合理搭配或制作青贮饲料，饲料原料尽量多样化。

饲喂方式可采用先粗后精或全混合日粮（TMR）方式饲喂，每天饲喂2～3次。精饲料补充料喂量一般占体重的0.8%～1.6%，粗饲料占体重的0.5%～1%。饲料配方要相对固定，更换配方要有3～7d的过渡期，青绿饲料或新鲜酒糟水分过高要提前控制水分含量；粗硬干燥的饲料可以铡短、粉碎、揉丝或碱化处理（100kg秸秆铡短后加入3kg生石灰和1kg食盐，加水200kg浸透拌匀，堆放2～3d软化）后使用。

3. 育肥阶段的划分　肉牛的育肥要充分考虑肉牛的品种特性，考虑牛肉市场的目标定位。以西门塔尔公牛育肥为例，该品种属于大体型晚熟品种，牛肉市场定位为批发市场和商超。据此设计养殖的时间长短以及日增重，同时兼顾当地饲料资源的供应情况。如图1-3所示，西门塔尔公牛育肥共计191d，起始体重为350kg，出栏体重为650kg，育肥增重300kg，平均日增重为1.58kg。肉牛精准配方的制作思路是按照每100kg体重使用一个配方，350～450kg体重为育肥前期，450～550kg体重为育肥中期，550～650kg体重为育肥后期。

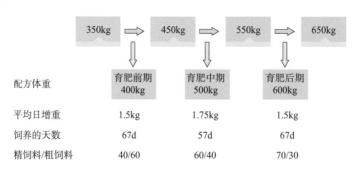

图1-3　西门塔尔公牛肥育阶段的划分示意

4. 肥育阶段的精准养殖　育肥的精准养殖需要根据肉牛体型大小、性别和生产水平设定肉牛动态营养需要量和采食量，以肉牛专用饲料配方软件为养殖企业量身定制饲料配方。仍以西门塔尔公牛育肥为例，各阶段的配方描述如下：

肉牛育肥前期以肌肉和骨骼的生长为主，日粮注意蛋白质、钙、磷等营养素的补充，其中日粮粗蛋白水平为13.5%～14.5%，精粗比为40∶60，日增重1.5kg左右（表1-8

和表 1-9）。每头牛的干物质采食量为 10.5kg/d，饲料采食量为 22.6kg/d，干物质含量为 46.4％，干物质成本为 2.27 元/kg，饲料成本为 1.05 元/kg，每天成本为 23.83 元。

肉牛育肥中期是肉牛生长最快的时期，以附着肌肉和脂肪为主。能量水平和粗蛋白的需要量比较高，日粮粗蛋白水平为 12.5％～13.5％，精粗比为 55∶45，日增重 1.75kg 左右（表 1-10 和表 1-11）。每头牛干物质采食量为 11.9kg/d，饲料采食量为 25.8kg/d，干物质含量为 46.2％，干物质成本为 2.49 元/kg，饲料成本为 1.15 元/kg，每天成本为 29.63 元。

肉牛肥育后期以附着脂肪为主，也是牛肉品质调控的关键时期，日粮注意能量浓度和能氮比，牛的干物质采食量要达到 13kg 左右（表 1-12 和表 1-13），日粮粗蛋白水平为 12.5％～13.5％，精粗比为 60∶40，日增重 1.5kg 左右。每头牛干物质采食量为 13.5kg/d，饲料采食量为 27.4kg/d，干物质含量为 49.2％，干物质成本为 2.59 元/kg，饲料成本为 1.27 元/kg，每天成本为 34.90 元。

表 1-8　肉牛育肥前期饲料配方

原料名称	干物质配比（％）
普通玉米	10.00
玉米酒精糟（DDGS）	6.63
棉仁粕（国标 2 级）	6.49
小麦	6.11
大豆粕（普通）	5.00
石粉	1.06
尿素（CP200）	0.60
氯化钠（食盐）	0.60
预混料	0.50
碳酸氢钠（小苏打）	0.00
氧化镁	0.00
喷浆玉米皮	0.00
玉米胚芽粕	0.00
大麦	0.00
全株玉米青贮	40.00
稻草	20.00
甘蔗糖蜜	3.00

表 1-9　肉牛育肥前期饲料配方营养组成

营养素名称	计量单位	配方营养
干物质	kg	10.50
总消化养分（TDN）	％	69.36
粗蛋白（CP）	％	14.50

（续）

营养素名称	计量单位	配方营养
物理有效中性洗涤纤维（peNDF）	%	25.25
非纤维性碳水化合物（NFC）	%	41.65
淀粉	%	23.81
瘤胃降解蛋白（RDP）	%	8.99
钙（Ca）	%	0.65
磷（P）	%	0.35
食盐（NaCl）	%	0.59
代谢能（ME）	Mcal/kg	2.51
维持净能（NEm）	Mcal/kg	1.62
增重净能（NEg）	Mcal/kg	1.02
瘤胃氮能平衡（RNEB）	%	1.61
代谢蛋白（MP）	%	8.28
代谢赖氨酸（MLys）	%	0.50
代谢蛋氨酸（MMet）	%	0.18
阴阳离子差（DCAD）	mEq/kg	93.22
粗饲料	%	60.00
关系式1		1.84
关系式2		1.84
关系式3		4.05
关系式4		1.45

注：以上是每千克干物质的营养素含量；
关系式1＝钙/磷；
关系式2＝钙/磷；
关系式3＝钾/钠；
关系式4＝钾/（镁＋钙）。

表 1-10　肉牛育肥中期饲料配方

原料名称	干物质配比（%）
普通玉米	22.85
玉米酒精糟（DDGS）	17.51
大豆粕（普通）	5.00
喷浆玉米皮	1.94
石粉	1.00
碳酸氢钠（小苏打）	1.00
氯化钠（食盐）	0.50
预混料	0.50
尿素（CP200）	0.40

（续）

原料名称	干物质配比（%）
氧化镁	0. 30
玉米胚芽粕	0. 00
棉仁粕（国标 2 级）	0. 00
大麦	0. 00
全株玉米青贮	40. 00
甘蔗糖蜜	4. 00
稻草	5. 00

表 1-11　肉牛育肥中期饲料配方营养组成

营养素名称	计量单位	配方营养
干物质	kg	11. 90
总消化养分（TDN）	%	74. 07
粗蛋白（CP）	%	13. 50
物理有效中性洗涤纤维（peNDF）	%	17. 30
非纤维性碳水化合物（NFC）	%	48. 25
淀粉	%	29. 55
瘤胃降解蛋白（RDP）	%	7. 27
钙（Ca）	%	0. 60
磷（P）	%	0. 38
食盐（NaCl）	%	0. 50
代谢能（ME）	Mcal/kg	2. 68
维持净能（NEm）	Mcal/kg	1. 78
增重净能（NEg）	Mcal/kg	1. 17
瘤胃氮能平衡（RNEB）	%	−0. 40
代谢蛋白（MP）	%	8. 99
代谢赖氨酸（MLys）	%	0. 50
代谢蛋氨酸（MMet）	%	0. 20
阴阳离子差（DCAD）	mEq/kg	170. 12
粗饲料	%	45. 00
关系式 1		1. 6
关系式 2		1. 6
关系式 3		1. 98
关系式 4		1. 12

注：以上是每千克干物质的营养素含量；
关系式 1＝钙/磷；
关系式 2＝钙/磷；
关系式 3＝钾/钠；
关系式 4＝钾/（镁＋钙）。

表 1-12　肉牛育肥后期饲料配方

原料名称	干物质配比（%）
大麦	18.98
玉米酒精糟（DDGS）	11.65
普通玉米	10.00
小麦	5.93
大豆粕（普通）	5.00
喷浆玉米皮	1.32
碳酸氢钠（小苏打）	1.50
石粉	1.11
预混料	0.50
氯化钠（食盐）	0.50
氧化镁	0.50
玉米胚芽粕	0.00
尿素（CP200）	0.00
棉仁粕（国标 2 级）	0.00
全株玉米青贮	35.00
稻草	5.00
甘蔗糖蜜	3.00

表 1-13　肉牛育肥后期饲料配方营养组成

营养素名称	计量单位	配方营养
干物质	kg	13.50
总消化养分（TDN）	%	73.88
粗蛋白（CP）	%	13.50
物理有效中性洗涤纤维（peNDF）	%	16.00
非纤维性碳水化合物（NFC）	%	49.01
淀粉	%	33.91
瘤胃降解蛋白（RDP）	%	7.07
钙（Ca）	%	0.55
磷（P）	%	0.36
食盐（NaCl）	%	0.50
代谢能（ME）	Mcal/kg	2.67
维持净能（NEm）	Mcal/kg	1.77

（续）

营养素名称	计量单位	配方营养
增重净能（NEg）	Mcal/kg	1.16
瘤胃氮能平衡（RNEB）	%	−0.50
代谢蛋白（MP）	%	9.05
代谢赖氨酸（MLys）	%	0.49
代谢蛋氨酸（MMet）	%	0.19
阴阳离子差（DCAD）	mEq/kg	220.00
粗饲料	%	40.00
关系式1		1.51
关系式2		1.51
关系式3		1.51
关系式4		0.98

注：以上是每千克干物质的营养素含量；

关系式1＝钙/磷；

关系式2＝钙/磷；

关系式3＝钾/钠；

关系式4＝钾/（镁＋钙）。

三、技术效果

肉牛育肥关键技术在山西、内蒙古、河北、甘肃、宁夏陆续开展推广示范，可有效地降低养殖户在肉牛育肥过程中的饲养成本，达到节本增效的目的。本项技术在内蒙古通辽牧国牛业有限公司、甘肃祁连牧歌实业有限公司开展的示范推广过程中效果显著，育肥全期日增重1.51kg，育肥牛出栏体重平均为680kg，平均每头牛增加收益1 000元左右。

四、技术适用范围

肉牛育肥关键技术主要用于农牧交错带地区或其他地区的肉牛育肥养殖。

五、技术推广使用的注意事项

1. 注意育肥圈舍的卫生和消毒管理。保持圈舍卫生，增加通风消毒。及时清理圈舍粪便，降低舍内氨气浓度；加强通风管理，保证舍内地面干燥；增加圈舍环境消毒次数，消毒宜采取喷雾的方式进行，最好选择在中午前后气温较高时进行。

2. 注意肉牛场的疫病防控管理。切实做好肉牛疫病免疫和监测工作，对尚未免疫或抗体不达标的个体及时组织开展补免；开展养殖场区的消毒灭源工作，做到不留死角、不留隐患，切实消灭病原、有效阻断疫病传播途径；严格按照规定无害化处理病死牛；发现牛出现群体发病或者异常死亡的，应当立即向所在地的县（市）动物防疫监督机构报告。此外，应建立疫情防控物资储备措施，加强员工健康管理，完善牛场员工生产及生活中的防护措施，积极应对人间疫情的传播。

第四节　全株玉米青贮加工及育肥肉牛关键技术

一、技术概况

全株玉米青贮指在玉米乳熟后期或蜡熟前期，将带穗的整株玉米进行铡碎青贮，在密闭无氧条件下通过微生物厌氧发酵和化学作用，制成的一种适口性好、消化率高、营养价值丰富的饲料。全株玉米青贮生物产量高、营养价值高、保存效果佳、牛羊适口性好，备受养殖业青睐，可在肉牛生产中推广使用。粗饲料由于其存放空间大，营养价值低，适口性差，已逐渐被全株玉米青贮饲料所替代。使用全株玉米青贮可提高肉牛生产性能、饲料转化率和育肥效率，在一定程度上改善牛肉品质，节约饲料成本。

二、技术路径和技术要点

（一）针对产业存在的问题提出关键技术集成思路和方法

近年来，我国畜牧业快速发展，中国人的膳食结构和动物性食品的消费量发生了明显变化，畜产品生产资源的耗费量也逐年增加。然而，人多地少的现实决定了我国饲料业将长期面临原料资源严重紧缺的压力，并已成为制约我国饲料业及养殖业发展的瓶颈。由于长期受国外谷物类饲料为主的配方模式制约，以及饲料原料加工利用技术薄弱，我国大量的饲料资源未得到合理利用，开发新型饲料原料势在必行。

随着国家"粮改饲"项目的实施，引导种植全株青贮玉米，同时也因地制宜地在适合种植优质牧草的地区推广牧草，丰富了肉牛饲草来源。"粮改饲"的重点是调整玉米种植结构，大规模发展适用于肉牛、肉羊等草食家畜需求的青贮玉米，在此背景下，全株玉米青贮加工技术的提高，需要提供对全株玉米青贮在肉牛生产中的应用参数，由此提出了全株玉米青贮加工技术集成和全株玉米青贮饲养肉牛技术集成的思路和方法。

（二）技术关键点和主要操作步骤

1. 全株玉米青贮加工技术关键点和主要操作步骤

（1）制作工序　原料品种选择→收割→切碎→加入添加剂→装填贮存。

（2）原料的选择和质量标准　应选择适应本地区的物候条件，生物产量高、营养丰富、持绿性好、抗倒伏的品种，并达到以下指标：干物质含量 30%～35%、粗蛋白含量 7.5% 以上、淀粉含量 25% 以上、中性洗涤纤维含量 45% 以下、酸性洗涤纤维含量 25% 以下，粗灰分含量 3% 以下。

（3）收割　一般在玉米籽乳熟期至蜡熟期采收。看乳线（1/2～2/3）、实测整株干物质水平（30%～35%）。留茬高度以 15～20cm 为宜。

（4）切碎　切割长度在 10～25mm，籽粒宜破碎，建议全株青贮完整玉米粒＜2 粒/L。

（5）装填贮存　通常用窖贮、塑料袋、裹包等方法。装窖前，底部铺 10～15cm 厚的秸秆，以便吸收液汁。窖四壁铺塑料薄膜，以防漏水透气，装时要压实，可用推土机压，人力夯实，一直装到高出窖沿 60cm 左右，即可封顶。封顶时先铺一层切短的秸秆，再加一层塑料薄膜，然后覆土压实。四周距窖壁 1m 处挖排水沟，防止雨水流入。窖顶有裂缝时，及时覆土压实，防止漏气漏水。袋装法须将袋口张开，将青贮原料装入专用塑料袋，用手压和用脚踩实等方法压紧，直至装填至距袋口 30cm 左右时，抽气、封口、扎紧袋口。裹包贮存则是用打捆机将其压制成形状规则、紧实的圆柱形草捆，再用裹包机快速包裹 6 层以上拉伸膜。

（6）青贮时间　密封窖藏 40d 后可开启取用。

2. 全株玉米青贮育肥肉牛技术关键点和主要操作步骤

（1）犊牛期（0～6 月龄）饲养　60 日龄前禁止采食青贮饲料；60～90 日龄训练采食青贮饲料；从 90～180 日龄犊牛自由采食全株玉米青贮饲料，其比例可以过渡到粗饲料的 30％以上。

（2）育成牛（7～12 月龄）饲养　自由采食青贮饲料为主。适当补给精饲料补充料。按干物质计，日粮中粗饲料比例不低于 30％，其中，全株玉米青贮比例逐渐过渡到粗饲料的 50％以上。

（3）育肥期（13～24 月龄）饲养　粗饲料可以全部饲喂全株玉米青贮，采用全混合日粮饲喂技术。肥育前期（13～16 月龄），精饲料量按照体重 1％～1.5％供给，精粗比 30：70；肥育中期（17～20 月龄），精饲料量按照体重 1％～1.5％供给，精粗比 50：50；肥育后期（21～24 月龄），精饲料量按照体重 1％～1.5％供给，精粗比 70：30。

母牛产前 21d 内、产后 10d 内不宜饲喂全株玉米青贮；妊娠母牛应合理控制精饲料饲喂量，经产母牛体重控制在 500～530kg，粗饲料中全株玉米青贮含量根据妊娠不同时期适当调整。

三、技术效果

（一）全株玉米青贮加工技术

全株玉米青贮加工技术先后在大同、晋中、朔州等地示范推广，建立了大同市云冈区四方高科农牧有限公司、山西万牧科技有限公司（晋中市祁县）、山西古城乳业农牧有限公司（山阴县）、朔州市玉收农牧有限公司、山阴县顺友奶牛养殖专业合作社、和顺县宏泰牧业有限公司试验示范推广基地 6 个，基地牛场推广饲草玉米种植 800 多亩*，示范全株玉米青贮 62 000t；在朔州市龙首山盛源牧业有限公司、忻州市忻府区牧之康养殖专业合作社、山西玉源和牛养殖有限公司、广灵县双江草业示范全株玉米青贮技术 37 500t。示范制作的全株玉米青贮开窖后，基本无霉变，气味酸香，且色泽鲜绿，质地柔软松散。经检测，全株玉米青贮可以保存作物中 85％以上的营养成分，茎秆汁液和含糖量

＊ 1 亩≈667m^2。——编者注

高达 7%，粗蛋白达 8% 以上，粗纤维达 30% 以下。适口性优于一般玉米秸秆和其他饲料作物，肉牛采食量大，避免了挑食现象发生，保证了肉牛营养的均衡全面，青贮示范效果良好。

全株玉米青贮技术的示范，一方面提高了秸秆利用率（达 3.5%），同时也解决了秸秆随意焚烧和污染环境的难题，解决了草食畜牧业发展中的饲草料资源不足或质量不佳等问题，促进了节约型畜牧业的发展；另一方面促进了农民增收。在山西应县，全株青贮玉米每亩可比出售玉米籽粒多收入 600 元左右，收获完全株青贮玉米，当地农户还补种了萝卜、香菜等，又进一步增加了收益。全株玉米青贮技术的示范为破解目前农民增收困难等一系列难题提供了技术支撑。

（二）全株玉米青贮育肥肉牛关键技术

随着种植业结构调整，全株玉米青贮以其具有贮存方便、营养价值高等优势成为肉牛养殖优质饲料的主要来源。该饲料能有效降低玉米生产成本、提高肉牛生产力，其肥育效果好，产出的肉品质更好。在山西洪洞县古原盛牧养殖场示范推广以全株玉米青贮为主的粗饲料加工技术，2019 年制作全株玉米青贮 3 000 多 t，保证了全年粗饲料的均衡供给和肉牛育肥的需求，同时在饲喂方式上采用 TMR 技术，精饲料采用以预混料（5%）为主的饲料配方，保证牛在不同育肥阶段的营养需求，强度育肥 1.3kg 以上，2019 年出栏肉牛 500 多头，出栏体重 550～600kg，产值 660 万元（550kg×24 元/kg×500 头），肉牛育肥利润每头牛以 1 500 元计，可使养殖场产生经济效益 75 万元。在朔州市雁园养殖合作社示范西杂牛和新疆褐牛全株玉米青贮饲养技术，试验示范期间西杂牛日增重达到 1.33kg，新疆褐牛日增重 1.28kg，与传统对照组相比，利润分别提高 0.92 元/d 和 1.07 元/d。

四、技术适用范围

全株玉米青贮加工技术可广泛应用于肉牛育肥场和繁育场，全株玉米青贮育肥肉牛关键技术主要适用于牛羊育肥场。

五、技术使用注意事项

（一）全株玉米青贮加工技术推广注意事项

1. 全株玉米青贮制作前，田间采样，取样的地块与方位尽量一致，检测干物质时，一定要全株检测。

2. 慎重选择玉米品种，应选用粮用玉米品种，且早熟和晚熟品种搭配种植，保证收割成熟度。

3. 青贮制作过程中切割长度一定要适宜，一般为 10～25mm，压实密度最好达到 750kg/m³。

4. 青贮收割时间越短越好，以免天气因素影响品质与收割进程。

5. 密封后平时应勤巡窖。可能会存在青贮窖靠墙处的自沉现象，导致留有较多缝隙，有些地方甚至会暴露于空气中或者出现塑料布刮开等情况。如有问题应及时修整。

（二）全株玉米青贮育肥肉牛关键技术推广注意事项

1. 犊牛 60 日龄前禁止采食全株玉米青贮饲料。

2. 母牛产前 21d 内、产后 10d 内不宜饲喂全株玉米青贮饲料。

3. 妊娠母牛应合理控制精饲料饲喂量，经产母牛体重控制在 500～530kg，粗饲料中全株玉米青贮含量根据妊娠不同时期适当调整。

第五节 酒糟育肥肉牛关键技术

一、技术概况

肉牛属于大型反刍动物，生产优质牛肉，不仅需要较多草地资源，还需要丰富的粮食，但这些资源在我国的人均占有水平均不高，需要寻找可替代的非常规饲料。我国为农业大国，每年生产的农作物副产品和农产品加工副产物数量庞大，这些不被利用或利用率低的生产和消费最终产品，可以再循环和加以利用，且价格相对便宜，尤其是糟渣类等可为动物生产所利用，其中酒糟应用面较广。酒糟是酿酒工业副产品，含有酵母、纤维素、粗蛋白、B族维生素及微量元素等，且蛋白质含量高，是较好的肉牛饲料。酒糟育肥肉牛技术指采用酒糟作为部分饲料对肉牛进行肥育。添加适宜比例并配合其他饲草料使用，可提高肉牛日粮的适口性和育肥牛生长速度。

二、技术路径和技术要点

（一）针对产业存在的问题提出关键技术集成思路和方法

农牧交错带地区具有丰富的糟渣类资源，若不能加以利用则会产生大量的污染，若利用好则可以缓解草食家畜饲草资源紧张的难题。糟渣类的营养价值因原料的种类不同而异。一般而言，酒糟中含有丰富的蛋白质、粗脂肪、B族维生素、亚油酸和许多未知生长因子，是饲喂肉牛的一种廉价、优质饲料。为了使得糟渣类非常规资源在草食家畜生产中高效利用，经研究、集成与示范，提出了酒糟育肥肉牛技术集成的思路和方法。

（二）技术关键点和主要操作步骤

在使用酒糟喂牛时要由少到多逐渐增加，让牛有一个适应的过程，经过10～15d的适应期后即可按正常量饲喂，一般犊牛的饲喂量约占精饲料的40%，育肥牛占30%～35%。在选择饲喂鲜啤酒糟时不可超过日粮的10%～12%，饲喂白酒糟不应超过日粮的6%～8%。在饲喂时要根据不同原料以及不同制作工艺的酒糟的营养成分存在差异这一特点，在酒糟营养价值评定的基础上再将其与其他日粮进行合理搭配，以充分发挥其饲喂效用。酒糟含有丰富的粗蛋白，但是营养成分并不全面，尤其是钙、磷的比例不适宜，并且其中所含有的有机酸成分会与钙形成不溶性钙盐而影响钙的吸收，因此在饲喂酒糟的同时要补钙，补充量一般为日粮精饲料的2%。除此之外，日粮中还要添加维生素A和维生素D。

舍饲的育肥架子牛（300kg以上）日粮中可加入酒糟。经驱虫、健胃后的育肥架子牛每天在饲料中加入1kg酒糟，10d左右的时间逐步加量到15kg左右。育肥中期可大量增加酒糟，最高每天饲喂量可达 30～40kg。适应期内极个别牛对酒糟敏感，可根据生长情况限制酒糟用量，以防止肉牛中毒。

饲喂方法为将新鲜的酒糟均匀地拌入青贮、微贮或粉碎好的饲草之中。根据酒糟的使用量加入 150g 的苏打，调整酒糟的酸度。在饲养过程中，应着重观察和预防口腔及肠胃疾病的发生。如果饲草以青贮为主，还需要增加 0.2％左右的苏打，以防止因酒糟青贮饲料的大量使用造成肉牛瘤胃酸中毒。

三、技术效果

酒糟来源广泛，价格低廉，易消化，具有高蛋白、低脂肪、低胆固醇等优点。饲喂酒糟类饲料育肥肉牛可节约饲料，提高牛肉品质，但需要注意添加比例和贮存方法。由于酒糟缺乏维生素和矿物质，在育肥过程中可加入一定量的添加剂，尤其是维生素 A，以保障牛的正常生长发育和快速育肥。2018 年以来，对不同地区、不同加工工艺酒糟样品采样测定，白酒糟（发酵原料为高粱）粗蛋白含量可达 15％，啤酒糟（发酵原料为大麦＋大米）可达 30％以上，72h 体外干物质降解率分别可达 39％和 51％，尼龙袋法测定 72h 干物质降解率可达 41％和 71％。山西省洪洞县公威肉牛有限公司是以养殖和酿酒为产业的综合性企业，2020 年存栏肉牛 350 头。该企业在酿酒过程中生产酒糟，再利用酒糟进行肉牛育肥。技术示范期间制定严格的饲料配方管理规程，进行了 3 批强度育肥试验示范，出栏肉牛 230 头，示范期平均日增重达 1.4kg，出栏体重 550kg。

四、技术适用范围

酒糟育肥肉牛关键技术主要适用于肉牛育肥场。

五、技术使用注意事项

1. 酒糟因其原料以及生产工艺不同，营养成分的含量也存在很大差异，使用时须实测营养成分。

2. 酒糟含水量较高，约为 70％，极易发酵而腐败变质，因此贮存时间不宜太长，最好直接饲喂。

3. 母牛不宜饲喂酒糟。

4. 冬季使用酒糟，应先将酒糟冻块解冻，严禁直接喂牛。

5. 长期饲喂酒糟，肉牛会出现氮、磷比例失调，维生素 A、维生素 D 和微量元素缺乏，应及时补充微量元素和维生素。

第六节 柠条青贮关键技术

一、技术概况

柠条青贮是指开花期收割鲜柠条粉碎青贮，通过微生物厌氧发酵和化学作用，在密闭无氧条件下制成的一种青绿多汁、适口性好、营养价值丰富的饲料。柠条营养价值丰富齐全，富含氨基酸和生物活性物质。与多种常用饲草营养成分含量进行对比，柠条中粗蛋白含量比一般秸秆要高，略低于苜蓿，是反刍动物可利用的优质非常规粗饲料。柠条经过青贮后可大幅减少营养损失，并能长期保持新鲜饲料的优良品质，从而提高柠条的适口性和消化率。

二、技术路径和技术要点

（一）针对产业存在的问题提出关键技术集成思路和方法

寻找可替代的非常规饲料是推动中国现代肉牛业发展的关键，然而非常规饲料资源常被作为废弃物堆积在田间或焚烧处理，进而造成环境污染和资源浪费。柠条是豆科锦鸡儿属植物，为欧亚大陆特产，我国有 66 种，有抗逆性强、易繁殖、耐啃食、耐寒、耐干旱、寿命长等优点，是我国北方水土保持的重要植物，尤其在北方农牧交错带地区种植面积广。其营养丰富齐全、粗蛋白含量高，赖氨酸的含量是木本饲料中最高，由此提出了柠条青贮加工技术和柠条青贮肥育肉牛技术集成的思路和方法。

（二）技术关键点和主要操作步骤

1. 原料的选择 原材料应选用三年生柠条或平茬周期为 3 年并在每年 6 月（即开花期）进行平茬的柠条。该时期柠条枝条长 1m 左右、粗 0.5～1.5cm。

2. 收割和切碎 柠条收获后立即运到青贮地点，铡切成 1～2cm 长度，如有条件可过15～16mm 筛。

3. 装填贮存 装填贮存可选用窖贮、塑料袋、裹包等方法。装窖前，底部铺 10～15cm 厚的秸秆，以便吸收液汁。窖四壁铺塑料薄膜，以防漏水透气，装填要压实，可用推土机压、人力夯实，一直装到高出窖沿 60cm 左右，即可封顶。封顶时先铺一层切短的秸秆，再加一层塑料薄膜，然后覆土压实。四周距窖壁 1m 处挖排水沟，防止雨水流入。窖顶有裂缝时，及时覆土压实，防止漏气漏水。

袋装法须将袋口张开，将青贮原料装入专用塑料袋，用手压和用脚踩实等方法压紧，直至装填至距袋口 30cm 左右时，抽气、封口、扎紧袋口。裹包贮存则是用打捆机将其压制成形状规则、紧实的圆柱形草捆，再用裹包机快速包裹 6 层以上拉伸膜。

4. 饲喂肉牛 密封窖藏 40d 后可开启取用。柠条青贮育肥肉牛由少到多逐渐增加，让牛有一个逐渐适应的过程，一般经过 10～15d 的适应期后即可按正常量饲喂。一般育肥牛饲喂量可根据实际情况，控制在粗饲料干物质的 10％～40％。

三、技术效果

目前全株玉米青贮已经广泛应用，柠条青贮技术和全株玉米青贮类似，操作简便且有基础，便于推广应用。开花期柠条制备成的青贮饲料酸味浓厚，质地柔软，具有适口性好、易消化吸收、营养价值高等特点，能有效补充畜牧业饲草料不足，降低生产成本，并提高肉牛生产力。2020 年，在山西省平遥县勤兴健养殖专业合作社示范制作柠条青贮 100 多 t，经测定其粗纤维 35.1％，粗蛋白 10.87％，粗脂肪 3.3％。同年开展柠条青贮育肥肉牛试验示范，日粮中柠条添加水平 15％时，日增重可达 1.44kg，并提高了肉牛的采食量、消化率，经核算，经济效益每天提高 1.04 元。

四、技术适用范围

柠条青贮关键技术和柠条青贮育肥肉牛技术可广泛应用于肉牛育肥场。

五、技术使用注意事项

1. 柠条青贮制作宜选用开花期柠条，制作前应将水分调整在 60％～70％。
2. 柠条枝条不易粉碎，切割长度一定要适宜，一般不超过 20mm，粉碎要均匀。
3. 青贮收割时间越短越好，以免受天气因素影响品质与收割进程；密封后平时应勤巡窖，如有问题应及时修整。
4. 柠条青贮饲养母牛和犊牛的效果及其对肉牛生产性能的影响暂未开展相关研究，应谨慎使用。

第七节 天然草地放牧牦牛适度补饲关键技术

一、技术概况

天然草地放牧条件下饲养的牦牛，随着物候期的改变，天然草地的产草量和牧草营养品质会发生很大变化，从而导致牦牛出现"夏壮、秋肥、冬瘦、春死"的生长规律，这种现象成为限制牧区牦牛养殖产业发展的瓶颈。为缓解这种现象的发生，有必要开展天然草地放牧牦牛精准补饲关键技术的示范推广。天然草地放牧牦牛精准补饲关键技术是在天然草地能够提供牦牛营养的基础上进行精准补饲，从而实现不同的牦牛养殖目标。该技术的主要适用范围是天然牧场冷暖季放牧饲养的牦牛。

二、技术路径和技术要点

（一）针对产业存在的问题提出关键技术集成思路和方法

目前天然草地牧草-牦牛供需的营养存在季节性失衡，同时存在牦牛生产效率低、牦牛养殖效益低且天然草场退化等限制牦牛生态养殖的关键问题。有必要基于畜牧业生产系统"草情-畜情-生产-生态-生活"的互作效应和生产背景诊断，揭示传统放牧制度下牦牛体重变化特征、饲草供给特征及草畜贡献特征分析，开展天然草场营养动态监测与评估，核定出适宜的草地营养载畜量；同时需要基于传统放牧牦牛体重变化和营养需求分析，研发放牧牦牛精准补饲技术，优化天然放牧牦牛最佳补饲方案，制定天然草场放牧牦牛适度补饲技术流程。

针对天然草地牧草-牦牛供需的营养季节性失衡，牦牛生产效率低、牦牛养殖效益低的问题，集成天然草地放牧牦牛冷暖季适度补饲关键技术，进行营养均衡生产，实现牦牛高效、绿色养殖，将为提升高寒牧区牦牛生产效率、养殖收益和产业增值提供重要的数据支撑。

（二）技术关键点和主要操作步骤

1. 冷暖季划分

（1）冷季 天然草地放牧草场冷季为10月到翌年5月，属于牧草生长的枯黄期、枯草期和枯黄末期。

（2）暖季 天然草地放牧草场暖季为5—10月，属于牧草生长的返青期和青草期。

2. 适度补饲 以家畜需要量和草地供应量为判定依据，结合放牧牦牛干物质采食量计算公式，采用"缺多少、补多少"的方法，按照养殖目标调配补饲配方，实施出栏牦牛营养补饲，提高其生产性能的生产过程。

3. 操作规范及技术要求

（1）放牧时间　暖季草场为 07：00 出牧，19：00 收牧；冷季草场为 08：00 出牧，18：00 收牧。

（2）草场载畜量　暖季草场每公顷载畜量 5～6 头出栏牦牛；冷季草场每公顷 2.5～3 头出栏牦牛。

4. 牦牛冷暖季适度补饲饲料配方　补饲精饲料由玉米、麸皮、菜籽粕、小麦、豆粕、棉籽粕、碳酸氢钙、小苏打、氯化钠、预混料组成，制成颗粒料，冷暖季节精饲料补充料（简称精补料）配方组成以及营养水平见表 1-14 和表 1-15。

表 1-14　暖季精补料配方组成以及营养水平（%，干物质基础）

项目	配方组成	
	牧草	精饲料
原料		
玉米		44.27
麸皮		12.06
菜籽粕		12.88
小麦		4.98
豆粕		12.28
棉籽粕		8.57
碳酸氢钙		1.22
小苏打		0.87
氯化钠		0.87
预混料[1]		2.00
合计		100.00
营养水平[2]		
粗蛋白	11.35	18.76
粗脂肪	2.53	2.63
中性洗涤纤维	54.16	16.03
酸性洗涤纤维	26.74	7.83
钙	2.15	0.60
磷	0.08	0.73

注：[1] 预混料为每千克饲粮提供 Cu 10mg，Fe 65mg，Mn 30mg，Zn 25mg，I 0.5mg，Se 0.1mg，Co 0.1mg，维生素 A 4 000 IU，维生素 D 500 IU，维生素 E 40 IU；
　　[2] 牧草、精饲料的营养水平均为实测值。

表 1-15 冷季精补料配方组成以及营养水平（%，干物质基础）

项目	配方组成	
	牧草	精饲料
原料		
玉米		44.27
麸皮		12.06
小麦		12.88
豆粕		4.98
棉籽粕		12.28
碳酸氢钙		8.57
小苏打		1.22
氯化钠		0.87
预混料[1]		0.87
合计		100.00
营养水平[2]		
粗蛋白	4.67	18.76
粗脂肪	3.12	2.63
中性洗涤纤维	57.26	16.03
酸性洗涤纤维	38.64	7.83
钙	0.77	0.60
磷	0.03	0.73

注：[1]预混料为每千克饲粮提供 Cu 10mg，Fe 65mg，Mn 30mg，Zn 25mg，I 0.5mg，Se 0.1mg，Co 0.1mg，维生素 A 4 000 IU，维生素 D 500 IU，维生素 E 40 IU；

[2]牧草、精饲料的营养水平均为实测值。

5. 精饲料补饲量

（1）暖季 补饲牦牛统一驱虫健胃，然后按照养殖目标，补饲组每头牦牛每天分别补饲 0.5kg、1.5kg 和 2.5kg 精饲料。

（2）冷季 补饲牦牛统一编号，驱虫健胃。对照组放牧，然后按照养殖目标，补饲组每头牦牛每天分别补饲 0.5kg、2.5kg 和 4.5kg 精饲料。

6. 补饲时间 所有试验牦牛在同一草地上放牧，08：00 出牧，18：00 收牧。

7. 补饲方法 补饲组在出牧前和收牧后分两次进行补饲，所有试验牦牛自由饮水。牦牛归牧后按照体重、年龄、性别进行分群，根据不同补饲时间的比例进行饲喂。

8. 饮水 牦牛收牧后提供清洁的饮用水，让牦牛自由饮水。

9. 出栏体重标准 出栏牦牛每月称重 1 次，每次连续称重 2d，称重在早晨放牧前空腹进行，采用自动称重系统称重。2 岁牦牛出栏时日增重达到 600g，3 岁牦牛出栏时日增重达到 650g；2 岁牦牛出栏时体重达到 150kg，3 岁牦牛出栏时体重达到 200kg。

三、技术效果

(一) 牦牛暖季放牧补饲效果

牦牛经过补饲后，0.5kg、1.5kg 和 2.5kg 补饲组的日增重分别显著提高了 76.91%、170.27% 和 286.42%；其中补饲 2.5kg 组的日增重达到了 834.00g，是补饲 1.5kg 组的 1.43 倍和补饲 0.5kg 组的 2.18 倍（表 1-16）。

表 1-16　精饲料补饲水平对暖季放牧牦牛生长性能的影响

项目	对照组	补饲组			标准误(SEM)	P
		0.5kg 组	1.5kg 组	2.5kg 组		
初始体重（IBW，kg）	124.05	123.32	124.60	124.21	3.29	0.624
终末体重（FBW，kg）	137.00[c]	146.23[bc]	159.60[ab]	174.25[a]	4.12	0.041
总增重（TWG，kg）	12.95[d]	22.91[c]	35.00[b]	50.04[a]	1.54	0.015
平均日增重（ADG，g）	215.83[d]	381.83[c]	583.33[b]	834.00[a]	35.48	0.007

注：同行数据肩标无字母或相同字母表示差异不显著（$P>0.05$），不同字母表示差异显著（$P<0.05$）。

通过天然草场牦牛适度补饲关键技术在青海省贵南县青海五三六九生态牧业科技有限公司老扎西养殖基地进行应用与示范，暖季精饲料补饲水平对暖季放牧牦牛养殖收益的影响，与对照组相比，补饲 0.5kg、1.5kg 和 2.5kg 分别多收益 220.26 元/头、418.05 元/头和 705.29 元/头。

(二) 牦牛冷季放牧补饲效果

随着精饲料补饲水平的提高，补饲 0.5kg 组增重 1.13kg，补饲 2.5kg 组增重 40.79kg，补饲 4.5kg 组增重 73.25kg。补饲牦牛体重分别增加 0.55%、19.85% 和 35.70%，其中补饲 4.5kg 组的日增重达到最高的 813.89g。而不补饲的对照组每天掉重 235.17g，放牧冷季 3 个月掉重 21.16kg（表 1-17）。

表 1-17　精饲料补饲水平对冷季放牧牦牛生长性能的影响

项目	对照组	补饲组			标准误(SEM)	P
		0.5kg 组	2.5kg 组	4.5kg 组		
初始体重（IBW，kg）	204.53	204.69	205.42	205.17	4.53	0.873
终末体重（FBW，kg）	187.37[c]	205.82[b]	246.21[ab]	278.42[a]	3.78	0.032
总增重（TWG，kg）	−21.16[d]	1.13[c]	40.79[b]	73.25[a]	1.78	0.027
平均日增重（ADG，g）	−235.17[d]	12.55[c]	453.32[b]	813.89[a]	33.31	0.003

注：同行数据肩标无字母或相同字母表示差异不显著（$P>0.05$），不同字母表示差异显著（$P<0.05$）。

通过天然草场牦牛适度补饲关键技术在青海省贵南县青海五三六九生态牧业科技有限公司老扎西养殖基地进行应用与示范，随着精饲料补饲水平上升，养殖收益也逐渐增加，按照牦牛活体价格为 31 元/kg，精饲料成本为 2.95 元/kg 计，其中补饲 4.5kg 组的养殖收益最高，达到 1 075.5 元/头，而放牧养殖收益为－655.96 元。

四、技术适用范围

天然草地放牧牦牛适度补饲关键技术规定了牦牛冷暖季补饲的内容和方法，主要适用于所有牦牛主产区牦牛的冷暖季补饲。

五、技术推广使用的注意事项

1. 做好牦牛的驱虫工作。

2. 补饲的精饲料在存放过程中注意干燥，防治鼠害，避免饲料霉变，确保饲料质量良好。

3. 在牧草长势好的季节会出现牦牛采食精饲料减少的情况，可采用在牦牛口部涂抹少量精饲料诱食的方法，诱导牦牛采食精饲料。

第八节 舍饲牦牛育肥高效饲养关键技术

一、技术概况

舍饲牦牛育肥高效饲养关键技术的集成示范，是指牧区繁育的牦牛作为舍饲育肥的架子牛收购到农区之后，通过制定科学的舍饲育肥饲养标准，开展高效舍饲育肥工作，从而增加牦牛养殖的经济效益。牦牛育肥技术将牦牛育肥期分成育肥前期、育肥中期和育肥后期，根据育肥前期和育肥后期牦牛增重的不同部位和规律，制定科学合理的日粮能量和蛋白质水平，从而实现科学高效的牦牛舍饲育肥。用于育肥的牦牛主要来源于牧区周边的农区以及城郊兴起的牦牛舍饲育肥产业。技术适用于开展牦牛舍饲育肥的养殖场。

二、技术路径和技术要点

（一）针对产业存在的问题提出关键技术集成思路和方法

目前存在舍饲牦牛营养供应不均衡、牦牛生产效率低以及牦牛养殖效益低等关键问题。有必要根据牦牛育肥的生长需要，充分利用当地的饲草料资源，示范推广 TMR 饲喂模式，保证牦牛的精准饲养，进行牦牛舍饲关键技术的集成与示范，满足牦牛生长的需要，通过营养均衡供给，研发舍饲育肥牦牛的精准补饲技术，优化舍饲牦牛育肥最佳饲养方案，制定舍饲育肥牦牛高效养殖技术流程。通过集成舍饲育肥牦牛高效饲养关键技术，实现在舍饲育肥环节的营养均衡饲养，实现牦牛高效、绿色养殖，将为提升牦牛生产效率、养殖收益和产业增值提供重要的数据支撑。

（二）技术关键点和主要操作步骤

1. 养殖场准备工作 首先清理牛舍内粪便，然后彻底清扫牛舍，将清扫完毕的牛舍进行彻底冲刷。随后对圈舍和运动场进行全面消毒，消毒可用 2%～3% 的烧碱水、甲醛（用水 1∶1 稀释后直接喷洒）、10%～20% 的石灰水等消毒剂对牛舍进行喷洒消毒。牛舍提供舒适的垫草让牦牛躺卧。圈舍保持通风，白天打开门窗通风、透光。

2. 饮水 提供清洁的饮水。牛进场初期和冬季需要提供 9～15℃ 温水。

3. 隔离观察 新进场牦牛需要在隔离牛舍观察 15d，隔离期间观察其采食情况、粪便、反刍情况。隔离期间 72h 内进行称重、信息登记、分群、驱虫、健胃、防疫等工作。

4. 进场前处置流程 牦牛进场 72h 内称量体重。信息采集和登记牦牛耳标号的编码规则、耳标的佩戴方法参考《牦牛生产性能测定技术规范》（NY/T 2766—2015）执行。牦牛信息采集包括牧户信息、草场情况、体重、防疫记录、性别、年龄、体况、是否带犊。

5. **牦牛分群**　根据牦牛的体重、性别、牛龄、体质强弱及膘情，合理分群。根据养殖场规模、草场、基础设施等情况确定组群数量。一群牦牛以 15～20 头为宜。

6. **驱虫**　驱虫要选择防治肺线虫及胃肠道寄生虫的盐酸左旋咪唑、阿苯达唑、伊维菌素、乙酰氨基、阿维菌素等；用来防治牛皮蝇可用蝇毒磷、乙酰氨基阿维菌素等。

7. **注射疫苗**　进场 72h 内注射口蹄疫疫苗，建议使用口蹄疫 O 型、A 型二价灭活疫苗。注射口蹄疫疫苗 15d 后注射无荚膜炭疽芽孢疫苗。注射炭疽芽孢疫苗 15d 后注射牛多杀性巴氏杆菌灭活疫苗。

8. **健胃**　牦牛隔离期前 10d 在牛舍放置饮用水槽，饮水槽内按照每头牦牛 50～100g 的量溶解食盐水让牦牛饮用。健胃有助于缓解牦牛消化不良、胃肠蠕动迟缓、早期大肠便秘等症状。另外再准备一个水槽，用适量的菜籽饼和麸皮加水让牦牛饮用，引导牦牛增强食欲。

9. **全混合日粮**　是根据育成牦牛的营养需要，把切短的粗饲料、精饲料和各种添加剂按照一定比例进行充分混合而得到的一种营养相对平衡的日粮。

10. **日粮精粗比**　根据牦牛的饲养试验总结资料，育肥牦牛日粮中精饲料干物质占比在 65% 左右。

11. **育肥日粮最适能量蛋白水平**　舍饲育肥牦牛育肥期为 6 个月，育肥前期（1～45d）日粮的代谢能水平为 10.6MJ/kg、蛋白质水平为 16%；育肥中期（45～90d）日粮的代谢能水平为 10.6MJ/kg、蛋白质水平为 14%；育肥后期（90d 以后）最适的代谢能水平为 10.6MJ/kg、蛋白质水平为 12%。

12. **TMR 搅拌车**　按照牛场青年牦牛的存栏量、牛舍的建筑结构，选择一定容积的 TMR 搅拌车。牛场 1d 喂 2 次。如 TMR 饲料密度为 260～280kg/m³，则 TMR 饲喂车装载量建议使用总容积的 60%～85%。

13. **TMR 配制**　TMR 水分控制在 45%～55% 为宜，冬季水分过高会导致 TMR 饲料结冰，建议适当降低水分。建议每周测量 1 次 TMR 水分。

14. **配方设计**　根据牦牛体重、日增重目标、饲料资源等情况，参照育成牦牛的代谢能、可消化蛋白及钙、磷需要量配制 TMR 日粮。

15. **TMR 搅拌**　原料装填顺序遵循先干后湿、先长后短、先粗后精、先轻后重的原则。一般添加顺序依次为干草、精饲料、干辅料、湿辅料、青贮饲料、液态料、清水。不同原料的搅拌时间不同，干草搅拌 10～20min，青贮饲料搅拌 10～15min，漕渣类搅拌 5～10min，精饲料搅拌 2～3min，加完水后混合 3～6min，总时间控制在 23～30min。青贮饲料的切碎长度控制在 1～2cm，干草的粉碎长度为 1～1.5cm。

16. **饲喂管理**　每天饲喂 1～2 次，早上投料 45%，晚上投料 55%，空槽时间不超过 2～3h。每天推料 4～5 次。每天剩料 3%～5% 为宜，根据剩料量调整 TMR 投料量。饲槽每天清扫 1 次。

17. **TMR 饲料搅拌车维护保养**　TMR 饲料搅拌车计量和运转时，应处于水平位置。TMR 饲料搅拌车应按照说明书要求定期进行保养和检修。TMR 饲料搅拌车计量控制器需要每月校正 1 次，精度控制在 0.25%。应经常检查搅拌情况，绞龙保持锋利。刀片、叶片磨损严重时需要更换。

三、技术效果

通过全混合日粮饲喂技术在青海省海晏县夏华牧场养殖基地进行应用与示范，发现全混合日粮饲养方式增加了舍饲组牦牛瘤胃总挥发性脂肪酸（VFA）、乙酸、丙酸、丁酸浓度，日增重显著高于放牧组。通过舍饲牦牛育肥高效饲养关键技术在青海省海晏县夏华牧场养殖基地进行应用与示范，育肥前期（1～45d）日粮的代谢能水平为 10.6MJ/kg、蛋白质水平为 16%；育肥中期（45～90d）日粮的代谢能水平为 10.6MJ/kg、蛋白质水平为 14%；育肥后期（90d 以后）最适的代谢能水平为 10.6MJ/kg、蛋白质水平为 12%。

四、技术适用范围

舍饲牦牛育肥高效饲养关键技术规定了育成牦牛全混合日粮的配方制作、设备选择、饲料混合与过程控制、饲喂管理及设备维护等方面的术语定义和技术要求。本技术适用于牦牛的育肥场、种牛场、合作社在舍饲及半舍饲环境下饲养牦牛的全混合日粮的制作。

五、技术推广使用的注意事项

1. 做好牦牛的驱虫工作。

2. 补饲精饲料在存放过程中注意干燥，防治鼠害，避免饲料霉变，确保饲料质量良好。

3. 牦牛刚进入舍饲育肥场会出现拒绝采食精饲料的情况，可采用在牦牛口部涂抹少量精饲料诱食的方法，诱导牦牛采食精饲料。

第九节 母羊体况评分关键技术

一、技术概况

近年来,羊产业行情向好,养殖主体为了快速扩繁群体,母羊养殖需求成倍增加,其生产效率也受到广泛关注。因此,如何充分挖掘母羊生产潜能,提高肉羊养殖效率,对肉羊产业具有非常重要的意义。母羊体况评分可以有效评估母羊体脂储备及营养状况,为母羊的饲养管理和妊娠准备提供评价标准。在畜牧业发达国家,母羊体况评分已经普及并广泛运用于核心群的选育、繁殖以及营养管理中,以提高母羊的生产效率。通过体况评分,可以充分了解母羊的身体状况,从而使其在生产阶段达到最佳状态,提高母羊的利用效率,提升羊场科学管理水平。该技术的研发、应用及推广将有效提高母羊的繁殖性能,增加养殖企业经济效益。

二、技术路径和技术要点

(一)针对产业存在的问题提出关键技术思路和方法

肉羊养殖向集约化、标准化快速转型升级的过程中,还存在核心群质量与数量不匹配等问题,具体表现在:

1. 选种育种能力差 大部分中小规模的肉羊养殖企业和养殖户不具备高效自繁自育的能力,需要重复购买种公羊和基础母羊进行再繁育、再生产,尤其是基础母羊的使用效率偏低,在母羊健康繁殖、营养管理方面,缺乏规范的技术指导与有效评估,从而导致育种进展慢,育种效率较低。

2. 饲养管理不到位 随着部分养殖场肉羊的养殖数量快速扩张,养殖管理难度加大。母羊是快速扩繁的前提和基础,母羊的管理直接影响其生产效率。从育成母羊、空怀母羊到妊娠期各阶段母羊的饲养管理,包括生产性能测定、体况评分,尤其是营养管理,都需要进行科学、规范的操作。此外,养殖场内的各种规章制度也需要完善。

3. 营养状况评估技术缺乏 我国目前评价绵羊或山羊生长状况的主要手段是称重和目测,通过定期称重能够精确地计算其生长速度和饲料利用情况等。但是,该方法费时费力且影响羊生长,采食后或妊娠时应用该方法也不准确;目测可能受羊的被毛长度等的影响,也存在误差。这些方法与国外养羊生产中常用的体况评分方法相比,相差甚远。

(二)技术关键点和主要操作步骤

母羊体况评分的关键点为准确的评分部位,即紧靠最后肋骨之后和肾脏上方的腰部区域的骨干及其周围,包括棘突、椎骨、横突下方肌肉和脂肪组织、眼肌区域。母羊体况评分关键技术不需要辅助工具，通过视觉和触觉观察来评价羊的日粮利用效率、饲养管理是否到位、体重估测及体脂肪沉积量等，以便出现问题及时纠正。此外，规模化羊场可通过对不同阶段的母羊体况进行量化和数据评价，以确定不同时期的肉羊适宜体况，为今后羊群整体的生长、生产和繁育等打下基础，从而确定相应的营养和管理策略。

1. 技术要点　母羊体况评分采用 5 分制，分别对应 5 种等级："非常瘦""较瘦""中等""较肥""非常肥"。评分对象包括青年母羊、妊娠母羊和空怀母羊，青年母羊适宜在性成熟前 1 个月进行评分，繁殖母羊最适合在妊娠 45d 和妊娠 120d 进行评分，断奶母羊断奶后就可进行评分。空怀母羊配种时理想体况为 3 分，有利于提高其受胎率。体况评分主要依靠手部按压脊柱（椎骨棘突和腰椎横突）和检查眼肌上的脂肪覆盖程度、肌肉丰满程度，结合视觉来综合判定。母羊体况评分关键部位如图 1-4 所示。

图 1-4　母羊体况评分关键部位（箭头所示）

评定时，使母羊以水平、放松的姿势站立，先用手指按压腰椎评定棘突的突出程度，再用两指挤压腰椎两侧评定横突突出程度，然后用手指伸到最后几个腰椎横突下判定肌肉和脂肪组织的厚度，最后评定棘突与横突间眼肌的丰满度，结合视觉来综合评定。母羊不同阶段需要不同的营养水平，以达到最理想的体况分数。母羊各阶段体况理想分数见表 1-18。

表 1-18　母羊各生理阶段体况理想分数

母羊生理阶段	理想分数
生长阶段	3.0～4.0
妊娠期	2.5～4.0
产单羔母羊	3.0～3.5
产多羔母羊	3.5～4.0
空怀期	≥2.0

2. 不同体况评定分值的特征描述

（1）1分　非常瘦，皮肤和骨骼之间无任何肌肉或脂肪组织。棘突突出且尖锐。横向过程也很尖锐，手指很容易从末端穿过，并且可能在每个过程之间感觉到。眼肌区域较浅，没有脂肪覆盖（图1-5）。

（2）2分　较瘦，棘突仍然感觉突出，但是平滑，单个过程只能感觉到细小的波纹。横向过程是平滑且圆滑的，并且可以在很小的压力下使手指穿过末端。眼肌区域深度适中，但脂肪覆盖很少（图1-6）。

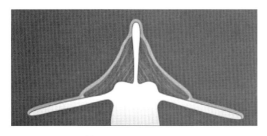 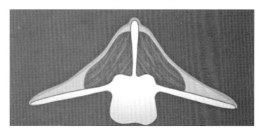

图1-5　母羊体况评分为1分的眼肌区域示意　　　图1-6　母羊体况评分为2分的眼肌区域示意

（3）3分　中等，棘突仅在很小的高度被检测到，且光滑而圆润，只有压力才能感觉到单个骨骼。横向过程平滑且覆盖良好，并且需要牢固的压力才能感觉到两端。眼肌很饱满，并且有中等程度的脂肪覆盖（图1-7）。

（4）4分　较肥，棘突可以通过压力被检测为脂肪覆盖的肌肉区域之间的硬线。横向过程的末端无法感觉到。眼肌区域已满，并且有厚厚的脂肪覆盖物（图1-8）。

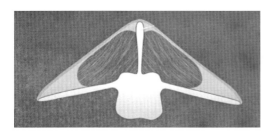 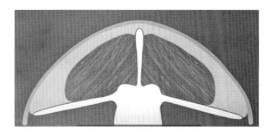

图1-7　母羊体况评分为3分的眼肌区域示意　　　图1-8　母羊体况评分为4分的眼肌区域示意

（5）5分　非常肥，即使在坚硬的压力下也无法检测到棘突，并且在通常感觉到棘突的位置的脂肪层之间存在凹陷。无法检测到横向过程。眼肌非常饱满，脂肪覆盖很厚。臀部和尾部可能有大量脂肪堆积（图1-9）。

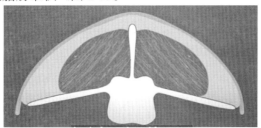

图1-9　母羊体况评分为5分的眼肌区域示意

三、技术效果

母羊体况评分关键技术可以规避骨骼大小、品种和生理状态等问题，也不受肠填充物或羊毛长度和湿度的影响，可清楚地了解母羊的体内脂肪含量和能量储备。建立母羊体况评分标准后，当母羊的分数处于适当的水平时，它们是最健康，最经济的。母羊全年关键时刻的体况评分情况可以为企业和养殖户提供关键信息，以便及时调整母羊营养，加强母羊繁殖生产管理。采用母羊体况评分对中盛华美羊产业发展有限公司繁殖母羊群进行体况监测，发现体况评分高的母羊较体况评分低的母羊具有更好的繁殖性能，可对体况评分低的母羊加强营养，来提升其繁殖性能。制定的肉羊养殖标准化操作规程，在甘肃中盛华美羊产业发展有限公司示范，并在合作社进行推广。通过标准化生产，湖羊育肥期日增重提升 13%，出栏体重平均增加 2kg，育肥效果显著。

四、技术适用范围

母羊体况评分关键技术主要适用于肉羊养殖场，尤其是进行繁育工作的育种场。

五、技术推广使用的注意事项

1. 同一只羊由不同人员评定，评分可能不同，体况评分时应取 3 个人评分的均值。

2. 对全群进行体况评定时，注意相同月龄的羊可能有不同评分，评分时应先挑选单只肉羊进行评定，挑选一定比例后，再做整体评定。

3. 不同品种的羊使用的评分标准不同，如陶赛特羊的评分标准不能用于小尾寒羊，要根据具体情况，有相应的评分标准。

4. 评分应不仅仅考虑脂肪含量，还应结合其他指标如被毛光亮度、肷窝深度等来判断羊的体况是否处于正常状态来酌情加减分值。被毛光亮、肷窝较浅，表明该羊的营养状况较好；被毛无光泽、粗乱，肷窝较深，表明羊的营养状况较差。

第十节　肉用母羊定时输精及羔羊培育关键技术

一、技术概况

（一）肉用母羊定时输精技术

在农牧交错带区域，规模羊场普遍存在肉羊发情鉴定难、管理效率低的问题，定时输精技术可免去母羊发情鉴定环节，节约劳力，提高羊场的管理效率；对于个体养殖户，普遍存在因交通不便引起的良种率低、人工授精普及率低等问题，定时输精技术可通过同期发情、同期排卵、车载良种公羊上门服务，在提高良种公羊利用率的同时，提高母羊繁殖率。

定时输精技术是利用外源激素控制和改变母羊卵巢的活动规律，从而使其在预定时间内同期发情、同期排卵、同期配种、同期产羔和同期出栏。该技术将彻底改变绵羊的传统繁殖模式，不仅免去发情鉴定环节，降低人工成本，提高产羔率和繁殖率，使绵羊一年两胎或两年三胎，而且也有利于疫病防控并最大限度地发挥优秀种公羊的配种效率，是现代养羊业增加效益的关键技术，也是实现肉羊批次化生产的关键技术。应用该技术还可促使母羊分娩时间集中，与羔羊培育技术相结合，有利于提高繁殖成活率，是提高农牧民养羊效益的重要措施。该技术目前已在美国、加拿大、巴西、乌拉圭、阿根廷、墨西哥、澳大利亚、新西兰、英国、法国、德国、希腊等国家推广应用。

（二）羔羊培育技术

羔羊培育关键技术是指羔羊从出生到断奶这一段时间内，为了提高断奶成活率和羔羊生长发育性能而采取的一系列人工培育技术。具体包括新生羔羊护理、羔羊的哺乳、羔羊断奶、环境控制、疾病预防等。农牧交错带肉羊发情季节多在秋季，因此产羔季节多在寒冷的早春季节，为提高肉羊繁活率，羔羊培育技术显得异常重要。

二、技术路径和技术要点

（一）针对产业存在的问题提出关键技术集成思路和方法

众所周知，农牧交错带地区肉羊养殖普遍存在如下问题：①肉羊因季节性发情导致繁殖率低；②因交通不便导致良种覆盖率低；③因地处偏远导致人工授精普及率低；④因经济落后导致肉羊规模化程度低。这些因素是制约养殖场（户）经济效益的瓶颈，特别是在实行禁牧舍饲政策以来，这些问题更加突出。因此，对同期发情、同期排卵、同期配种、同期产羔技术集成，形成的肉羊定时输精技术有利于提高母羊繁殖率、推广良种羊人工授精技术，以提高肉羊养殖效益；羔羊培育技术集成有利于羔羊护理、哺乳、断奶、环境控制、疾病预防等。肉羊定时输精与羔羊培育技术相结合是提高肉牛成活率、良种率和养羊效益的关键技术措施。

（二）技术关键点和主要操作步骤

1. 肉用母羊定时输精技术关键点和主要操作步骤

（1）结合卵泡波动力学，建立绵羊同期发情处理短方案　传统的绵羊同期发情处理方案是阴道埋置孕酮栓 11～19d，简称"长方案"。虽然该方案对于处于任何卵泡发育阶段的母羊或者乏情期的母羊都能诱导非常好的同期发情效果，但受胎率却受到影响。本技术将孕酮栓埋置时间缩短至 5～7d，简称"短方案"，并联合孕马血清促性腺激素（PMSG）及 PG（前列腺素）的使用，优化发情同期性和排卵同期性。短方案即放置孕激素阴道栓 7d，去栓时注射 350IU 马绒毛膜促性腺激素和 1.2mL 前列腺素，48h 后输精，同时注射 12.5μg 促黄体素释放激素 A3，12h 后再次输精，每次输精剂量不少于 0.3mL，有效精子数 1 亿个以上。每次输精前须彻底清除阴道内和子宫颈口周围的分泌物，并尽量将输精器插入子宫颈口内。

（2）利用促性腺激素释放激素（GnRH）提高绵羊排卵同期性　虽然在撤栓前或撤栓同时注射 PMSG 可以促进绵羊发情，但 PMSG 的副作用可诱导卵泡囊肿和黄体早衰，推迟促黄体素（LH）峰出现，降低排卵率和卵母细胞受精率，从而最终影响定时输精受胎率。近年来，逐渐趋向于利用 GnRH 代替 PMSG 或者二者联合使用。GnRH 能诱导 LH 峰提前出现，促进发情同期性、排卵同期性以及排卵数。本技术在撤栓后 48h 每只羊注射 12.5μg GnRH，显著提高了绵羊同期发情受胎率和产羔率。

（3）研发推广新型可保温阴道输精器，促进精子穿越子宫颈　绵羊定时输精方法有两种：一种是开膣器阴道输精，另一种是腹腔镜子宫角输精。前者操作简便，易推广，但受胎率低；后者虽然受胎率高，但操作烦琐，设备昂贵，不易推广。绵羊子宫颈致密弯曲狭窄，传统输精器很难穿越子宫颈，这是导致阴道输精受胎率低下的根本原因。利用新型可保温阴道输精器（专利申请号：201921166073.2）结合特定的操作方法，可显著提高精子经子宫颈进入子宫角的概率，提高绵羊定时输精受胎率。

（4）利用缩宫素，促进精子穿越子宫颈　缩宫素能显著扩张子宫颈，促进精子穿越子宫颈，但其对精子活力有影响。通过优化缩宫素的给药途径、时间、剂量等并配制与之相适应的精液稀释液，筛选合适的缩宫素使用方法，同时，优化精液保存方法、稀释倍数和输精量，可以提高绵羊定时输精受胎率。利用市售脱脂牛奶高倍稀释精液，并且每毫升精液加入 0.5IU 的缩宫素，可以显著提高定时输精受胎率。

（5）选择最适阴道输精时间，促进精子穿越子宫　母羊通常在撤栓后的 48～70h 排卵。为了减少工作量和提高种公羊的配种效率，输精次数通常不会超过 2 次，而且精子经子宫颈到达受精部位的动力主要来自生殖道的收缩和蠕动。撤栓后的不同时间，生殖道（特别是子宫肌）的收缩频率和收缩强度不同，因此，恰当的输精时间对于确保尽可能多的精子到达受精部位至关重要。本技术根据同期发情方案及绵羊品种、季节、胎次、膘情等因素，利用腹腔镜观察卵泡发育和排卵状况，筛选出最适宜的阴道输精时间为撤栓后 48h 和 60h，显著提高了绵羊定时输精受胎率。

2. 羔羊培育技术关键点和主要操作步骤

（1）初生羔羊护理 主要是指做好防寒保暖工作，围产期母羊进入密闭式产房待产，直到产后1周左右离开产房，防止新生羔羊因环境寒冷患感冒。羔羊出生后要做好鼻腔、身体黏液清理、断脐等工作。羔羊出生后应尽快擦去口鼻黏液，以免造成异物性肺炎或窒息，让母羊舔净羔羊身上的黏液。对出现假死状况的羔羊，应立即采取人工呼吸等措施抢救。羔羊脐带最好能自然拉断，在断处涂抹5％～7％碘酊；若没有拉断，可用消毒过的剪刀在距体躯8～10cm处结扎后剪断，然后涂碘酊消毒。出生3d后，对健康的羔羊进行断尾。

（2）羔羊的哺乳 当羔羊能够站立时，应立即让其哺食初乳。羔羊哺乳分为母乳喂养、寄养代哺、人工哺乳三种方式。哺乳期的羔羊发育迅速，大多情况下是母乳喂养，但是有些弱羔、双羔以及母羊产后死亡所留下的羔羊，应采取代哺或人工哺乳。如果初乳不足或没有初乳，可按下列配方配成人工初乳。配方为：新鲜鸡蛋2个，鱼肝油8mL或鱼肝油丸2粒，食盐5g，健康牛奶500mL，适量的硫酸镁。在羔羊哺食初乳前，应将母羊乳房擦净，挤掉几滴乳，然后辅助羔羊哺食。为便于管理，哺食初乳后在羔羊体躯部位做与其母亲相同的标记或编号。

（3）羔羊补饲 羔羊补饲的目的是使羔羊获得更完全的营养物质，促进羔羊消化系统与身体的生长发育。羔羊生后8d就可以喂给少量羔羊代乳料，训练吃细嫩的青草或优质干草。通常进入哺乳羊舍，采取母子同圈饲养，在同圈内设置补饲栏，主要是为了使母子在非哺乳期间隔离，同时避免母羊采食羔羊饲料。

（4）羔羊断奶 发育正常的羔羊，在2～2.5月龄即可断奶。具体方法包括逐渐断奶和一次性断奶。母乳喂养的可以采取减少喂奶次数，1周内完全断奶；还可以采取一次性断奶的方法，1周左右完全断奶。断奶后的羔羊先留在原来的羊舍内数天，以免因断奶和环境改变产生强烈的应激反应。羔羊断奶后应根据其日龄、大小、性别进行必要的分栏。

（5）疾病预防 羔羊出生时注射抗破伤风毒素，1周内注射"三联四防"疫苗。断奶时，及时注射口蹄疫疫苗、"三联四防"疫苗以及驱虫药物等。饲养员每天在添草喂料时要认真观察羊的采食、饮水、排便等是否正常，发现病情及时诊治。

三、技术效果

（一）肉用母羊定时输精技术

肉用母羊定时输精技术程序包括肉羊同期发情、卵泡诱导、同期排卵、同期配种、羔羊培育等（图1-10）。该技术已在内蒙古锡林郭勒盟乌拉盖管理区乌拉盖牧场五十一连示范点累计推广绵羊定时输精2万余只，涉及养殖户230户。重点集成了精液稀释、输精方法、输精时间、同期发情、同期配种、羔羊培育6方面技术，有效解决了绵羊鲜精输精、季节性发情、产羔率低和服务成本偏高等问题，建立了成熟的绵羊定时输精技术服务模式，使绵羊同期发情率、妊娠率、分娩率和产羔率分别达到95％、73％、70％和

125％以上，出生羔羊2月龄体重20kg以上，羔羊死亡率进一步降低，养殖户养羊效益显著提高。以乌拉盖牧场五十一连郑某某家为例，2019年7月5日签订绵羊定时输精技术服务合同，2019年8月21日定时输精基础母羊425只，2019年10月2日测孕妊娠332只，2020年1月15日至1月23日产羔403只，2020年3月25日一次性将350只羔羊（留种53只）出售，每只羔羊（公、母羊价格相同）1 250元，共计销售收入437 500元，扣除技术服务费25 500元，该年度养羊收入412 000元。

同时，该技术也在内蒙古、河北、甘肃、宁夏、河南、安徽、辽宁、新疆等地逐步展开，有望3～5年内在国内推广，显著提高养羊生产水平，提升养羊发展能力，增强行业竞争力，使养羊业取得显著的经济效益、社会效益和生态效益，为养殖户脱贫致富和分享科技发展红利提供有力保障。

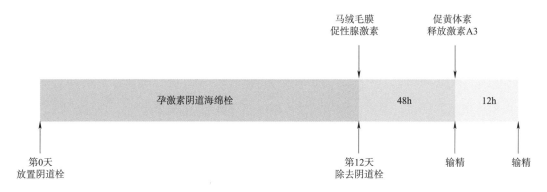

图1-10 肉羊定时输精技术程序

（二）绵羊同期发情和定时输精技术

1. "短方案"可以有效诱导羊同期发情并获得较高的受胎率。在非繁殖季节，绵羊阴道埋置60mg的甲地孕酮（MAP）海绵栓1d、2d、3d、6d或12d，并在撤栓同时注射PMSG 300～400IU，分别获得12.5％、20.0％、50.0％、75.0％和68.8％的受胎率。利用不同孕激素海绵栓［甲地孕酮（MAP）、醋酸氟孕酮（FGA）、孕酮阴道栓（CIDR-G）］阴道埋置6d，获得了相似的同期发情率和受胎率，这说明，在非繁殖季节，"短方案"可以有效诱导同期发情并获得较高的受胎率。在繁殖季节，利用MAP海绵栓埋置6d或12d，分别获得了87％和67％的受胎率，而且在撤栓同时是否注射PMSG也并没有显著影响受胎率。

2. 建立了单次定时输精技术并示范推广。该技术在精子运行、排卵、精卵结合等生殖生理相关研究的基础上，借鉴国外文献资料，建立了绵羊子宫颈口单次定时输精技术，绵羊情期受胎率显著提高至70％。

3. 该技术中包含新型绵羊子宫颈口人工输精器，相对于以往的羊输精器，缩短了吸液管的长度，同时在注射管的末端增设了较长的拉杆导管，通过拉动拉杆在注射管和吸液管内吸取羊的精液，然后将吸液管和注射管一起放入羊的阴道内，而只将拉杆导管和拉杆暴露在羊体外，这样可以用羊的体温为注射管内的精液保温，避免低温影响精子活力而带来不利影响,从而提高人工授精的受胎率。吸液管分为两个管段,有利于提升吸液管整体的强度,防止吸液管弯曲而影响操作,又可以使前端顺利进入羊的子宫颈口,从而完成人工授精(图 1-11)。

图 1-11 绵羊子宫颈口人工输精器

四、技术适用范围

肉用母羊定时输精及羔羊的培育关键技术适用于我国农区与牧区、舍饲与半舍饲羊场、规模羊场与个体养殖户,主要用于繁育羊场,也可以作为商品化羊场的繁育技术使用。

五、技术推广使用的注意事项

(一)肉用母羊定时输精技术推广注意事项

影响肉羊定时输精的因素较多,如激素种类、处理时间、剂量、组合方式、精液稀释、输精方法等,使定时输精的受胎率不稳定。因此,在进行母羊定时输精前,应注意以下几个细节:

1. 所有绵羊应提前做好防疫、药浴和驱虫工作。

2. 青年羊与经产羊应分别处理,青年羊的输精时间应该早于经产羊 6h。

3. 经产羊必须保证在断奶后 30d 以上。

4. 夏季输精时间应该早于秋冬季 4h。

5. 埋栓后必须及时观察掉栓情况,如果在撤栓时发现无栓羊,则该羊淘汰。

6. 山羊的输精时间早于绵羊 6h。

7. 去栓和输精最好保证在 2h 内完成,并依据人力决定每批次处理羊数。

8. 最好现场采精输精,尽量避免采用冻精,根据鲜精数量、精子活力和与配绵羊数量,确定稀释倍数,通常精液稀释倍数在 3～6 倍。

9. 输精时必须彻底清除阴道内的分泌物,如果有脓性分泌物,必须用生理盐水冲洗干净。

10. 稀释后的精液放置于 30℃水浴中保存,且必须在 2h 内使用。

11. 严禁随意更换阴道栓的种类。

（二）羔羊培育技术注意事项

1. 完善基础设施　有些羊场不具备保暖性较好的产房，需要建设产房；有的羊场没有补饲栏，需要增设补饲栏。

2. 配备相应技术人员　应配备专门的羔羊培育技术人员和饲养工人，实施专人专管，各司其职，实施绩效管理。

3. 因地制宜　任何技术都有适用性，各地在引进使用该技术时应因地制宜，根据当地气候条件和场内设施设备情况合理实施。

第十一节 肉羊全混合颗粒饲料加工与饲喂关键技术

一、技术概况

肉羊全混合颗粒饲料加工与饲喂技术主要针对甘肃农牧交错带繁殖母羊及育肥肉羊生产存在的饲料供应不精准、成本较高及生产指标较差等问题，集成饲料加工、配方技术、粗饲料资源开发与利用等技术，综合提高规模化繁殖羊生产及育肥羊生产效率及生产效益。该技术主要包括肉羊饲料加工成套设备选型、饲料加工工艺参数优化、配方设计、全混合颗粒饲料饲喂等技术，以提升牧区繁殖母羊繁殖率和羔羊成活率，降低农区育肥肉羊营养代谢疾病及死淘率，提高肉羊日增重及饲料转化效率，有效促进甘肃省及我国农牧交错带地区繁殖肉羊及育肥肉羊生产水平，提升肉羊产业发展质量。

二、技术路径和技术要点

（一）针对产业存在的问题提出关键技术集成思路和方法

甘肃省牧区海拔高、冬季时间长，导致饲草和饲料季节性缺乏，牧区羔羊死亡率偏高，冷应激严重；此外，农区肉羊育肥生产中缺少优质粗饲料，大量精饲料饲喂导致肉羊出现尿结石、瘤胃酸中毒等营养代谢病。针对上述问题，在"农牧交错带牛羊牧繁农育关键技术集成示范"项目专家和示范点的带动下，为解决甘肃牧区主要饲养肉羊品种营养需要及繁殖特点和农区肉羊育肥过程存在的关键问题，提出肉羊全混合颗粒饲料加工与饲喂关键技术。主要思路为：充分利用农区秸秆资源，针对农牧交错带繁殖肉羊及育肥肉羊营养需要特点生产精饲料与粗饲料混合的全混合颗粒饲粮（P-TMR），解决牧区繁殖母羊及农区育肥肉羊营养供给问题。

主要方法包括：利用 P-TMR 专用加工生产线充分利用秸秆及副产物等饲料资源，系统包括粗饲料粉碎、强制喂料和混合、高效制粒等设施设备。加工的饲料直接饲喂繁殖母羊即可，配方针对牧区主要肉羊品种设计，结合加工工艺实现繁殖母羊营养精准供应。

（二）技术关键点和主要操作步骤

全混合日粮避免了动物挑食、摄入营养不平衡的缺点，有助于维持稳定的瘤胃内环境，减少消化与代谢疾病的发生；改善了饲料的适口性，提高了干物质采食量和消化率，有利于开发利用单独饲喂适口性差的饲料资源，从而扩大饲料来源，降低饲养成本；同时简化了劳动程序，省工、省时，能大幅度提高劳动效率。适合繁殖母羊的 P-TMR 加工一般在饲料生产企业完成，需要专门的粗饲料粉碎机、粗饲料仓、强制喂料器及相关配套设施设备构成。具体要点为：

1. 主要设备构成及流程 饲料混合系统包括依次连接的原料仓、配料秤、混合机、螺旋输送机和第一斗式提升机。制粒系统包括依次连接的待制粒仓、制粒机和冷却塔。经冷却塔冷却后的饲料颗粒通过第二斗式提升机输送到分级筛中；分级筛筛分的饲料颗粒通过输送管道与成品仓相连；制粒机的调制器与糖蜜添加装置连接；斗式提升机将饲料混合物提升到待制粒仓的入口并倒入待制粒仓内。

2. 加工工艺 粗饲料粉碎，过 6mm 筛片粉碎，提升到专用粗饲料系统仓中，混合机混合 160s，制粒温度 65℃，环模 6mm，压缩比 8 : 1。

3. 典型配方 牧区繁育母羊典型配方见表 1-19；农区育肥肉羊典型饲料配方见表 1-20。

表 1-19 牧区繁育母羊典型配方（%）

原料	妊娠前期	妊娠后期	泌乳期
玉米秸秆	30	25	20
苜蓿干草		5	10
玉米	12	15	25
麸皮	35	35	15
豆粕	5	8	8
棉粕	8	7.3	8
DDGS	5.3		9.3
食盐	0.7	0.7	0.7
预混料	4	4	4
合计	100	100	100

表 1-20 农区育肥肉羊典型饲料配方（%）

原料	育肥前期	育肥后期
玉米秸秆	25	20
玉米	15	20
大麦	17	17
豆粕	3	6
棉粕	6	6
DDGS	0	5
玉米皮	25	15
酵母培养物	1	1
白酒糟	3	5
预混料	5	5
合计	100	100

4. 饲喂方法 饲料可由肉羊自由采食 P-TMR 饲料，饲喂量可按照体重 4%～5% 供给，一般育肥 3～4 个月出栏。育肥前期肉羊体重一般为 18～35kg，育肥后期肉羊体重为

35～50kg。繁殖母羊全混合颗粒饲料饲喂方案为，育成阶段断奶-配种前饲喂 0.8～1.2kg/d；妊娠前期饲喂 1.4kg/d；妊娠后期饲喂 1.6kg/d；泌乳期饲喂 1.8kg/d，自由采食及饮水，同时根据体况额外补充粗饲料。

三、技术效果

（一）全混合颗粒饲料加工技术

2018 年至今，基于牧区繁殖母羊的营养需要特点与季节性饲料资源供应不平衡等问题，开展 P-TMR 专用加工生产线设计（图 1-12）、加工工艺参数优化、料型设计与示范推广等工作。以上工作由兰州大学技术团队提供技术指导并参与生产线设计及配方优化。甘肃润牧生物工程有限责任公司负责生产线建设、施工及工艺参数优化，通过生产备案及销售，在甘肃润牧生物工程有限责任公司示范羊场进行中试推广与示范，并在甘肃兰天同和农业有限公司羊场等牧区进行示范推广（图 1-13 和图 1-14）。此外，通过技术实施，促进饲料企业为养殖企业提供新的方案，饲料加工效率每小时达到 6t，饲料年销量达到 6 000t，创造直接经济效益 1 200 万元。

（二）全混合颗粒饲料饲喂技术

通过集成 P-TMR 加工技术、营养快速检测技术、科学配方技术及饲喂技术，推动了 P-TMR 在牧区繁殖肉羊生产中的科学应用，推动了牧区繁殖肉羊营养的精准供应，提升了肉羊繁殖水平和羔羊成活率等，使繁殖母羊繁殖效率提升 8%，肉羊饲料转化效率提高 5%～8%。

图 1-12 P-TMR 加工生产线

图 1-13　适合繁殖母羊及育肥羊使用的 P-TMR 产品

湖羊　　　　　　　　　　　肉用美利奴羊　　　　　　　　　高山细毛羊

图 1-14　繁殖母羊 P-TMR 饲喂技术实证

四、技术适用范围

肉羊全混合颗粒饲料加工与饲喂关键技术主要适用于北方农牧交错带规模化的育肥羊场。

五、技术推广使用的注意事项

1. 母羊采食全混合颗粒饲料容易过量，需要根据体况动态调整其饲喂量；另外可根据母羊体况额外补充粗饲料。

2. 育肥肉羊采食全混合颗粒饲料无须额外补充其他蛋白质饲料，可降低肉羊患尿结石的风险；育肥后期针对 40kg 以上羊可根据其增重情况，每只羊每天补饲 50～100g 整粒玉米。

第十二节 区域性非常规饲料资源肉羊育肥利用关键技术

一、技术概况

区域性非常规饲料资源肉羊育肥利用关键技术主要针对宁夏农牧交错带地区肉羊生产存在的饲草料短缺、育肥水平不高、精准性营养差和肉羊胴体品质下降等问题，集成农区肉羊粗饲料加工、典型配方设计、肉羊胴体品质提升及规模化育肥管理体系等技术。该技术主要包括肉羊粗饲料加工调制、发酵型全混合日粮调制、肉羊胴体品质提升、规模化健康养殖及育肥管理体系等技术，可以拓宽肉羊饲草料来源、提高规模化育肥水平、改善肉羊胴体品质和健康养殖水平。该技术主要适合农牧交错带地区育肥肉羊的生产。

二、技术路径和技术要点

（一）针对产业存在的问题提出关键技术集成思路和方法

1. 肉羊柠条发酵型全混合日粮（FTMR）研制与应用 针对宁夏中部干旱区丰富的柠条资源和营养特性以及育肥肉羊的营养需要特点，开发了肉羊柠条发酵型全混合日粮。利用物理揉丝粉碎、菌酶协同、拉伸膜裹包等工艺，充分利用了宁夏地区的柠条资源，并极大地提高了柠条附加值。经过系统的动物饲喂、生产性能评定和屠宰试验表明，FTMR 显著提高了肉羊生产性能、屠宰性能和肉品质，肌内脂肪含量显著提升。本技术成果作为肉羊典型配方，在提高柠条饲料化利用的同时，显著改善了肉羊生产性能和胴体品质表现，在宁夏地区具有广阔的应用前景。

2. 枸杞剩余物生物饲料化开发及典型配方应用 针对宁夏丰富的地源性、功能性资源枸杞残次果、果蒂及枝叶等，复配米糠、棉粕，与筛选的复合菌（酵母菌、植物乳杆菌）和复合酶制剂联用，研制出肉羊瘤胃调控型生物饲料。在宁夏规模化羊场配方中应用枸杞生物饲料，可以显著提高肉羊瘤胃健康水平，改善肉羊生产性能表现，显著改善肉品质，养殖和综合经济效益明显。

3. 功能性添加剂提升肉羊胴体品质关键技术与应用 针对宁夏舍饲肉羊胴体变肥、肉品质下降等限制肉羊产业高质量发展的瓶颈，筛选出改善肉羊生产性能、胴体品质和肉品质的功能性添加剂，显著提高肉羊屠宰率、瘦肉率，优化肉羊体脂分配，提高肌内脂肪含量，降低尾脂占胴体比例，为宁夏肉类产业提质增效提供了实践参考和解决方案。

（二）技术关键点和主要操作步骤

1. 肉羊柠条发酵型全混合日粮（FTMR）研制与应用 发酵型全混合日粮（fermented total mixed ration，FTMR）是将生产好的 TMR 用自动打捆裹膜机将其压实裹包，造成密封厌氧环境并进行发酵。FTMR 最早在 20 世纪 90 年代由日本率先研究开发，克服了全混合日粮易霉烂变质、饲料营养物质损失较快、不利于长期贮存和商品化运输的缺点。通过此发酵方式可以有效利用非常规饲料资源，降低饲料成本，不仅延长了 TMR 保存时间，还可提高原料的营养价值利用率，提高家畜生产性能，饲喂效果明显。

（1）主要设备构成及流程　柠条揉丝粉碎、复配玉米和蛋白浓缩料、复合菌酶混合、拉伸膜裹包、贮藏。

（2）加工工艺　将柠条揉丝粉碎至 2～3cm，按照肉羊营养需要，柠条比例为 40%～60%，玉米为 28%～42%，肉羊蛋白浓缩料为 12%～18%，加入复合菌（0.02%）、复合酶（0.06%）混合充分，将原料水分调整至 50%，混合均匀后，进行拉伸膜裹包，常温发酵 30d 后，即可饲喂。

（3）柠条型 FTMR 典型配方　建议牧区繁育母羊用柠条型 FTMR 典型饲料配方如表 1-21 所示。

表 1-21　牧区繁育母羊用柠条型 FTMR 典型饲料配方（%）

原料	饲料配方		
	育肥前期	育肥中期	育肥后期
柠条	60	50	40
玉米	28	36	42
蛋白浓缩料	12	14	18
合计	100	100	100

2. 枸杞剩余物生物饲料化研发及典型配方应用　将枸杞剩余物（残次果、果蒂及枝叶等）、棉粕、米糠等复配，水分调整至 35% 左右，接种反刍动物专用菌酶协同发酵促进剂，通过工业化生产线混合均匀后，装入单向阀呼吸袋中发酵 3 周以上。本技术极大程度地开发了枸杞剩余物附加值，显著提升了规模化肉羊健壮率和瘤胃功能。育肥全程，饲料中添加 0.5% 枸杞生物饲料，可显著提升肉羊育肥效果，降低料重比，养殖综合效益显著提升。建议宁夏规模化肉羊育肥典型饲料配方如表 1-22 所示。

表 1-22　规模化肉羊育肥典型饲料配方（%）

原料	饲料配方	
	育肥前期	育肥后期
玉米秸秆	19	14
柠条	7	7
玉米	32	37
豆粕	3	6
棉粕	6	6
胡麻饼	4.5	4.5
玉米皮	23	20
枸杞生物饲料	0.5	0.5

原料	饲料配方	
	育肥前期	育肥后期
预混料	5	5
合计	100	100

3. 功能性添加剂提升肉羊胴体品质关键技术与应用　针对滩羊胴体变肥及肉质下降的产业因素，根据前期研究结果，推广了肉羊胴体和肉质提升营养调控技术，在规模化育肥环节，结合功能性添加剂靶向营养调控作用，在不同生产阶段根据肉羊蛋白质和脂肪沉积规律，通过胍基乙酸、氮氨甲酰谷氨酸等功能性添加剂，改善滩羊体脂重分配，使屠宰率和肌内脂肪含量显著上升。在育肥前期饲粮中添加0.08％过瘤胃胍基乙酸，育肥后期添加0.06％氮氨甲酰谷氨酸可显著改善育肥效果。

三、技术效果

（一）柠条发酵型全混合日粮制作及规模化肉羊场推广应用

针对饲草料短缺、柠条资源饲料化开发程度低及规模化肉羊育肥水平低等问题，开展了柠条发酵型全混合日粮制作、规模化肉羊企业应用及饲喂效果评价等工作（图1-15）。该工作由宁夏大学饲草料加工调制团队提供技术指导并进行发酵TMR日粮配方优化，宁夏千禾饲料配送中心负责生产线建设、施工和工艺参数优化，通过柠条FTMR生产，在宁夏鑫海食品有限公司示范羊场进行产品应用推广，并在宁夏红寺堡、盐池及同心等肉羊主产区进行示范推广（图1-16）。

图1-15　柠条FTMR制作

图 1-16　柠条 FTMR 在规模化肉羊场的应用及胴体品质评价

通过集成柠条 FTMR 配方优化、拉伸膜制作、饲喂技术及胴体评价，极大地推动了宁夏农牧交错带柠条资源的饲料化开发程度，缓解了宁夏农牧交错带肉羊饲料短缺的现状，推动了农牧交错带规模化肉羊育肥水平。通过推广本技术，规模化肉羊育肥相比对照组，日增重提高了 15.7%，屠宰率提高了 6.8%，肌内脂肪含量提高了 15.6%，养殖综合经济效益提高 15.6 元/只。

（二）枸杞剩余物生物饲料化研发及规模化肉羊场应用技术集成

针对规模化肉羊育肥过程中瘤胃功能失调及健康状况下降等问题，结合宁夏丰富的枸杞剩余物资源，开展了枸杞生物饲料研发、规模化肉羊企业应用及饲喂效果评价等工作。该工作由宁夏大学饲草料加工调制团队提供枸杞生物饲料研制技术指导，宁夏绿建源生物饲料有限公司进行生产线建设、施工和工艺参数优化，生物发酵菌种由宁夏大学饲草料加工调制团队与天津云力之星生物科技公司联合筛选和开发，在吴忠市红寺堡区天源农牧业科技开发有限公司进行产品应用推广和规模化肉羊育肥管理技术集成示范（图 1-17）。

图 1-17　枸杞生物饲料规模化肉羊育肥推广

通过集成枸杞生物饲料研发及规模化肉羊育肥技术集成，显著提升了规模场肉羊育肥水平，降低了瘤胃酸中毒发病比例，显著降低了料重比，规模化肉羊育肥效果显著。通过本技术推广，规模化肉羊育肥相比对照组，日增重提高了 21.5%，屠宰率提高了 7.5%，料重比下降 8.9%，屠宰率提高了 7.8%，养殖综合效益提高 24 元/只。该成果技术在红寺堡区以天源农牧业为龙头带动肉羊养殖合作社，覆盖 5 万余只肉羊，取得了显著的经济效益和社会效益。

（三）功能性添加剂提升肉羊胴体品质关键技术与应用

针对宁夏肉羊胴体变肥、高端羊肉开发滞后等问题，根据前期研究结果，推广了肉羊体脂重分配营养调控技术，在规模化肉羊育肥环节，根据肉羊蛋白质和脂肪沉积规律，结合功能性添加剂靶向营养调控作用，改善了滩羊体脂重分配，提升了规模化肉羊肌内脂肪含量，为规模化肉羊提质增效和高端羊肉品牌化打造提供了技术支持和解决方案（图 1-18）。

通过改善规模化肉羊肥育体脂重分配，胴体品质得以显著提高，屠宰率明显改善，胴体品质和肉品质"无效脂肪"尾脂占胴体比例，显著降低，肌内脂肪含量提高 29.5%，背最长肌和半腱肌大理石花纹性状明显。红寺堡天源农牧利用本技术推广，在高端羊肉品牌化方面进行了开发，注册高档滩羊肉商标"三又佳"，通过市场化运作，使滩羊肉溢价率达 150%，延长了肉羊产业链，极大地提高了宁夏规模化肉羊生产附加值。

图1-18 体脂重分配营养调控技术在肉羊饲养过程中的应用示范

四、技术适用范围

区域性非常规饲料资源肉羊育肥利用关键技术主要适用于粗饲料资源相对丰富的区域，主要用于育肥羊场。

五、技术推广使用的注意事项

1. 柠条发酵型全混合日粮制作技术在推广使用时，要注意FTMR的含水量和配方组成，更要关注接种的菌酶协同促进剂须符合反刍家畜瘤胃健康，贮藏期间要注意防鼠，拉伸膜破坏后注意饲喂环节的安全使用。

2. 在生产中，枸杞剩余物生物饲料化研发技术和功能性添加剂提升肉羊酮体品质关键技术相对容易复制推广，但是要根据不同地域的粗饲料来源确定典型配方，玉米秸秆也可替换成当地其他粗饲料，但实际生产中要注意霉菌毒素和灰分含量。

第十三节　多羔母羊鉴定与应用关键技术

一、技术概况

产羔数性状是绵羊三大重要经济性状（产羔、产肉和毛皮）中所占权重最大的生产性状，但大多数绵羊属季节性发情一胎单羔的动物，为了经济利益的最大化，多羔一直是人们追求的目标。产羔数对养羊业经济效益的贡献甚至可以达到74%～96%。据不完全统计，产双羔所获得的经济效益是产单羔的1.6倍以上。影响绵羊产羔数的因素主要包括母羊的排卵数（子宫容量以及胎盘效率等），其中排卵数最为重要，直接影响母羊的产羔数。

基于对多羔性状的需求，从20世纪中叶人们就开始寻找多羔基因。其中研究最多的是绵羊 $FecB$ 基因。自从发现该基因之后，研究人员开始在世界各地绵羊群体中寻找携带此突变的绵羊群体，并对 $FecB$ 影响排卵数的分子机制及其与不同品种绵羊产羔数的关联做了大量研究。通过对中国很多地方绵羊品种的 $FecB$ 检测，发现很多品种都携带这种突变，尤其小尾寒羊和湖羊中 $FecB$ 携带比例较高。通过检测 $FecB$ 突变来鉴定多羔母羊，已成为快速提高母羊产羔数和繁殖力的有效途径。多羔母羊鉴定与应用关键技术可以大大加快多羔纯种繁育和选育进程，加快多羔品种改良，有效提升良种化率，有利于提高企业经济效益，为羊产业的发展提供技术支撑和指导。

二、技术路径和技术要点

（一）针对产业存在的问题提出关键技术集成思路和方法

绵羊被驯化以来，为人类生产生活提供了大量的肉、毛、皮、奶等产品，其中，羊肉与人类的关系最为密切，是人类重要的蛋白质来源之一。目前，肉羊生产已是世界养羊主流，在畜牧业经济中发挥举足轻重的作用。我国虽然是养羊大国，但综合生产水平较低，羊肉生产一直供不应求甚至出现短缺，直接导致羊肉价格呈持续上升态势，供需矛盾日益突出，开展提高羊肉产量的关键技术研究迫在眉睫。而提高绵羊产羔数是增加羊肉产量最为直接和有效的方法。

但世界范围内多羔绵羊品种占少数，如何提高产羔数已成为热点和难点研究，也是肉羊产业发展中亟待解决的瓶颈问题。

多羔母羊鉴定目前是比较成熟而且应用非常广泛的技术，中国很多地方品种绵羊中都存在多羔基因，该技术的应用可以有效地提升绵羊群体的产羔数和繁殖力，有利于良种培育。

（二）技术关键点和主要操作步骤

$BMPR1B$ 基因位于绵羊的第 6 号常染色体上，全长约 20kb，编码区长度为 1 509bp，蛋白序列长度为 503 个氨基酸残基。$FecB$ 突变导致的 Q249R 氨基酸替换位置位于 BMPR1B 蛋白的 L45 环和 GS 结构域之间。两个 $FecB$ 拷贝的携带者用 FecBFecB 表示，简记为 BB，一个 $FecB$ 拷贝的携带者用 FecBFec＋表示，简记为 B＋，非携带者用 Fec＋Fec＋表示，简记为＋＋。一个 $FecB$ 拷贝增加排卵数 1.3～1.6 枚，两个 $FecB$ 拷贝增加 2.7～3.0 枚；携带一个 $FecB$ 拷贝的母羊产羔数增加 0.9～1.2 只，携带两个 $FecB$ 拷贝的母羊产羔数增加 1.1～1.7 只。在不同的绵羊品种中，$FecB$ 基因型对于排卵数和产羔数的效应又是有差别的，如相比于＋＋野生型，滩羊 BB 型个体的平均产羔数仅增加了 0.16 只，而小尾寒羊 BB 型个体的平均产羔数可增加 1.89 只。

由于绵羊 $FecB$ 基因突变在生产中有着巨大的经济效益，可显著提高绵羊排卵数和产羔数。因此，如何快速检测出 $FecB$ 突变并制定出相应的留种及配种策略对于生产经营效益的提高至关重要。21 世纪初期，研究者们主要是通过 PCR-SSCP 和 PCR-RFLP 的技术手段来检测 $FecB$ 突变的。随着中、高通量的 SNP 分型技术的不断出现和检测样本数量越来越大，SNaPshot 法和 TaqMan 探针法逐渐被利用到 $FecB$ 突变检测中。如表 1-23 所示，这四种 SNP 分型方法持续不断地对国内各种本地绵羊品种进行了 $FecB$ 基因型的检测跟踪，发现 $FecB$ 突变主要分布在湖羊、小尾寒羊、洼地绵羊和策勒黑羊中。在国外的高繁殖力绵羊品种中，$FecB$ 基因的频率分布如下：澳大利亚的 Booroola Merino 品种为 0.53，印度的 Garole、Kendrapada 和 Bonpala 品种分别为 0.61、0.73 和 0.87，印度尼西亚的 Javanese 品种为 0.83，伊朗的 Kalehkoohi 品种为 0.35。

表 1-23　国内地方绵羊品种的 $FecB$ 基因频率分布情况

品种	数量（只）	基因型频率			基因频率		卡方值	显著性
		＋＋	B＋	BB	＋	B		
湖羊	3 002	0.006	0.089	0.905	0.051	0.949	15.306	0.000
小尾寒羊	3 387	0.135	0.496	0.37	0.382	0.618	8.265	0.004
洼地绵羊	40	0.475	0.300	0.225	0.625	0.375	5.184	0.023
策勒黑羊	100	0.420	0.510	0.070	0.675	0.325	2.094	0.148
滩羊	80	0.913	0.063	0.025	0.944	0.056	13.536	0.000
草原型藏羊	139	1.000	0.000	0.000	1.000	0.000	NA	NA
巴音布鲁克	100	1.000	0.000	0.000	1.000	0.000	NA	NA
河谷型藏羊	99	1.000	0.000	0.000	1.000	0.000	NA	NA
苏尼特羊	32	0.781	0.219	0.000	0.891	0.110	0.483	0.487

注：NA 指卡方值和显著性检测不适用与本行数据的统计分析。

具体技术要点为：

1. 记录基础母羊群体繁殖性状　针对羊场现有基础母羊群体，记录每只母羊的配种情况、妊娠情况和产羔情况，建立基础母羊群体的繁殖记录，包括初情期日龄、初配日龄、受胎率、情期受胎率、产羔数、断奶羔羊数、断奶日龄、产羔间隔、产羔率、成活率等。繁殖性状记录是做好母羊种畜筛选、提高母羊繁殖力的前提和依据。

2. 采集基础母羊和种公羊静脉血样品

（1）采血规范　准备采血工具，包括采血管、采血针、油性笔、相关表格（采血过程中使用，须事先打印好）。

采血管一定要用塑料材质的，不要用玻璃材质的。玻璃材质在运输过程中极其容易破损，导致血样互相污染。检查采血管是否为紫帽、管身是否标识"EDTA"字样、管身有无破损、是否洁净、是否在有效期内等。

采血时，工作人员首先要做好自我防护，要穿工作服，戴口罩和手套，尽可能避免交叉污染和人身伤害。为避免污染样本同时考虑生物安全，采血针切忌混用，每只羊用一个新采血针，用后丢弃。禁止触摸采血针针头部。若采血管管身（外部）沾有血污都需要弃用此管。采血完毕，轻轻上下颠倒采血管，使血液与管壁抗凝剂混匀。为了方便后期核对，采血管应按顺序取放，不可任取任放。

（2）采血记录　采血后要立即进行相应的采血记录，内容包括采血日期、羊的类型、耳号、场区及圈舍、采血负责人等信息。表 1-24 为实例样表。

表 1-24　采血记录样表

采血日期：		羊场：		基础母羊：		负责人：	
圈舍	耳号	圈舍	耳号	圈舍	耳号	圈舍	耳号

必须在每个采血管上标记羊的耳号（图 1-19）。为避免血样冷冻保存后水溶性签字笔字迹不清，应使用油性笔在管身空白处书写羊的耳号。若管身有水汽则应擦干再写，保证字迹清晰，切勿出现书写错误和连笔字，如 S 和 5，T 和 7，G 和 6 等看不清、易混淆的字体。测定人员在读耳号时须咬字清晰，反复核对，不要看错或读错，如 S 和 H，6 和 0，4 和 S，记录人员要和测定人员反复核对。

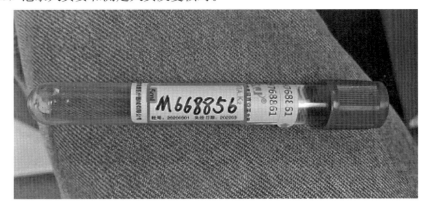

图 1-19　采血管标记耳号

（3）采血管保存　未使用的采血管应保存在干净、阴凉处（如柜子、箱子内），切忌阳光暴晒或置于可能受到污染（粉尘、羊毛、苍蝇等）的环境中。

为方便后期统计，采血管应按顺序取放置原先采血管自带的泡沫板里，不要用塑料袋装血样，以免破碎且难以整理。采血后，所有采血管应及时保存于−20～0℃的冰箱中，避免温度过低冻裂采血管。

3. 检测 *FecB* 多羔突变位点　使用保鲜膜或者气泡纸按盒（板）包好采血管，并放入泡沫箱中。泡沫箱中须放置一定数量的冰袋，放置完毕后若泡沫箱中仍有较大空隙，可用气泡纸、揉成团的报纸或其他填充物补足空隙，避免运输中箱内磕碰造成样品损伤。打包完后在箱顶写"此面向上，请勿颠倒，易碎产品，轻拿轻放"字样，并及时通知收件人。

将血样送专业公司或相关科研机构进行 *FecB* 多羔突变位点检测，以确定每只母羊是否携带 *FecB* 突变位点，携带几个位点。

4. 比对多羔突变位点数据与繁殖性状数据　将育种公司给出的多羔突变位点数据与羊场的繁殖性状数据进行比对，确定数据的准确性，以及基础母羊群体中多羔突变的携带比例。通常携带2个突变位点和1个突变位点的母羊产羔数要比不携带突变位点的母羊更高。

5. 根据多羔鉴定结果进行种羊选留

（1）繁殖力高的BB型母羊与BB型公羊配种，并持续选育，可以获得高繁殖力的群体。

（2）快长/体型较大的B＋型母羊与B＋/＋＋型公羊配种，并持续选育，可以选育快长型群体。

（3）生长缓慢/体型较小的＋＋型公羊和＋＋型母羊，可以直接用于育肥生产。

三、技术效果

由于 *FecB* 突变能提高绵羊产羔数，将其用于绵羊育种能带来巨大的经济效益，当前大部分研究都集中在不同绵羊品种中 *FecB* 位点的检测。已证实该突变存在于世界各地各种高繁殖力绵羊品种中。2003—2021年，我国科研人员对我国地方绵羊品种的 *FecB* 情况进行了检测，发现湖羊、小尾寒羊 *FecB* 携带率均很高，滩羊、洼地绵羊、苏尼特羊、策勒黑羊、新疆毛用多羔品系等都不同程度地携带 *FecB*。利用多羔母羊鉴定与应用技术可以实现种羊尤其是种母羊的早期选择，在没有产羔记录时，通过突变携带情况，判定和预测母羊的繁殖力，决定母羊的生产方向，可以极大地提高母羊繁殖力和生产效率，实现快速扩繁。

利用多羔母羊鉴定与应用技术效果显著，目前利用该多羔母羊鉴定与应用技术已经成功培育出鲁西黑头羊和鲁中肉羊等肉用多羔新品种，并已经通过品种审定。牧繁农育专家团队对4 000多只湖羊基础母羊和种公羊进行了多羔鉴定，同时统计了湖羊 *FecB* 基因型频率和等位基因频率（表1-25），以及 *FecB* 基因型与湖羊产羔数的关系（表1-26），发现BB是湖羊群体的优势基因型，BB型母羊窝产羔数比＋＋基因型高0.72只，B＋型母羊窝产羔数比＋＋基因型高0.45只。目前正在利用多羔母羊鉴定与应用技术培育湖羊多羔新品系，核心群体规模目前也已经达到1 000只以上。对湖羊 *FecB* 基因进行检测，可以为湖羊多羔绵羊核心群的建立以及高繁湖羊品种培育提供科学支撑。

表 1-25　湖羊 *FecB* 基因型频率和等位基因频率

性别	数量（只）	基因型频率			基因型频率	
		BB	B+	＋＋	B	＋
公	271	0.838（227）	0.159（43）	0.004（1）	0.916	0.084
母	4 183	0.877（3669）	0.119（499）	0.004（15）	0.936	0.064

表 1-26　*FecB* 基因型与湖羊产羔数的关系

基因型	样本数（只）	产羔数（只）
BB	726	2.19 ± 0.81
B+	416	1.92 ± 0.70
＋＋	12	1.47 ± 0.64

四、技术适用范围

多羔母羊鉴定与应用关键技术主要适用于提高母羊繁殖力和建立多羔群体。

五、技术推广使用的注意事项

1. 多羔母羊鉴定与应用技术是最为有效的提升母羊产羔率的技术，但是使用该技术的前提是羊品种中含有多羔基因的突变型，所以在大规模应用前，应先进行小规模检测。

2. 该技术目前研究得非常清晰，操作也较为简便，但是鉴于很多羊场或者养殖户没有相应的仪器设备和缺乏相关技术人员，可以在专业公司和相关科研机构进行检测，并组织相关的技术培训。

案例篇
ANLIPIAN

第一节　山西地区牛羊牧繁农育关键技术应用案例

一、山西怀仁市金沙滩羔羊肉业股份有限公司

（一）企业简介

怀仁市金沙滩羔羊肉业股份有限公司是一家集"屠宰分割、生熟加工、产品研发、冷链物流、社会化服务"于一体的羔羊肉生产加工企业，是牧繁农育项目的实施单位之一。公司有三大养殖基地：家园养殖专业合作社、兴和养殖专业合作社、家兴园农牧专业合作社，总占地面积 23hm²。企业的经营活动属于"牧繁＋农育"相结合发展的性质。公司上游关联产业涵盖 333hm² 紫花苜蓿种植基地 1 个，年出栏羔羊 18 万只，合作社 3 个，下游关联产业拥有年产 6 万 t 羊粪有机肥公司 1 家，全面实现了羊产业从牧草种植—基础母羊繁育—肉羊养殖—有机肥加工—有机肥还田—牧草种植的链循环发展。形成"市场牵龙头、龙头带基地、基地带农户"的经营体系，使农牧民的养畜积极性得以提高，优质肉羊生产基地不断扩大。

（二）企业在养殖过程中存在的问题及其解决办法

1. 企业在肉羊选种选配上存在的问题及其解决办法　金沙滩羔羊肉业有限公司养殖场自成立以来一直以羔羊育肥生产为主，每年可育肥出栏羔羊 20 万只。为了实现肉羊产业的可持续发展，企业引进湖羊母羊，着手进行肉羊的繁殖生产，打造集繁殖、羔羊育肥为一体的肉羊生产模式，解决育肥羔羊来源不足和品种杂，以及无法进行标准化养殖和生产优质羔羊肉的问题。目前公司引进的湖羊主要以纯种繁育为主，以扩大湖羊的数量，为怀仁市提供更多的繁殖母羊，提升肉羊繁殖规模，实现繁育、育肥一体的肉羊生产模式。在湖羊的纯种繁育方面主要采取的措施是自然交配。按照湖羊的生活习性将湖羊进行分栏饲养，每栏的母羊数量为 15～20 只，每栏配备 1 只公羊，公羊在每个栏中配种时间为 45d，然后将公羊放到另一个母羊栏中。目前存在的问题主要体现在以下几个方面：

（1）公羊需求数量太多　这不仅没有发挥种公羊的配种潜力，而且造成引种和养殖成本的增加，使群体生产水平提升缓慢。选配工作尚未正常进行，仅限于已购买的公羊入群交配，种公羊尚未采用后裔测定。目前唯一可采取的措施是通过外貌和配种能力来评价种公羊的优劣，从而进行选配。

解决办法：培养技术人才，尽快掌握人工授精技术，可以从现有的公羊群中挑选更好的种用公羊。由于目前尚未采用同期发情和人工授精技术，同时也出于人工授精带来的人工成本和工作量的加大及技术人员缺乏等原因，在目前的饲养管理条件下采用自然交配可能是最为便捷的一种配种方式。但从经济效益角度、种群质量提高等方面来看，应积极推广湖羊人工授精技术。

（2）不能及时确认母羊妊娠　这可能会造成部分母羊空怀，影响母羊的繁殖效果。

解决办法：利用妊娠诊断仪进行诊断，需要购买设备和培训诊断人才。无论是自然交配还是人工授精，若不采用妊娠诊断都可能无法及时确认母羊是否妊娠。但采用传统的试情方法非常不便，而且由于湖羊是小群体分栏试验，不便于驱赶试情羊在各个小栏中试情。

2. 企业在肉羊饲草料使用上存在的问题及其解决办法

（1）未能精准饲养　不能按照羊的生产和生长发育需求进行饲料的精准配制和精准饲喂。由于在养殖过程中同一栋羊舍饲养量多，母羊不可能处在同一生理状态中，如空怀母羊、妊娠母羊、妊娠不同阶段的母羊、哺乳母羊等，所以无法进行精准饲喂，也无法进行精准配料。

解决办法：采取阶段性集中配种和调整圈舍的办法，使生理状态接近的母羊在同一排圈舍饲喂，可以解决精准饲喂的问题。肉羊传统的饲喂方法是草料分开饲喂，不利于羊采食营养均衡的饲料，且容易造成饲料浪费。企业通过开展牧繁农育项目中肉羊饲料加工关键技术的示范推广，购买 TMR 饲料加工机械和撒料车，按照肉羊不同阶段营养需求配制日粮，并利用撒料车饲喂，不仅提高了饲料的利用率，减少了人工投入，而且提高了肉羊生长发育速度，降低了养殖成本。

（2）饲草供应不足，精饲料几乎全靠购买　公司在肉羊养殖生产中坚持自配饲料，除使用自产的少量玉米外，大部分的玉米及所有的豆粕、胡麻饼、麦麸、预混料、浓缩料、微量元素添加剂、矿物质饲料等都必须购买。

解决办法：公司的养殖场通过土地流转拥有超过 300hm² 饲草种植基地。公司通过开展牧繁农育项目中青贮玉米加工关键技术的示范推广，将饲用玉米进行全株青贮。籽实玉米脱粒后饲用，苜蓿草制作干草和青贮，可解决养殖场的部分饲草问题和饲料，但数量仍不能满足养殖场的需要，还需要购买花生秧、燕麦草和玉米秸草粉等，在一定程度上增加了养殖成本。为了解决饲草不足的问题，企业将加大青贮玉米品种的播种面积，大量制作全株玉米青贮，解决饲草料不足的问题。

（3）过度饲喂育肥羊精饲料　由于养殖户在羔羊育肥生产中追求较快的生长速度，在育肥饲料配制中过度使用精饲料，特别是从育肥中期开始，几乎不喂饲草，同时在精饲料的配制中过度添加微量元素，采用预混料＋浓缩料＋豆粕＋玉米的配制方法，致使饲料成本增加和营养消化吸收不全，造成饲料浪费。

解决办法：公司在牧繁农育项目专家组的支持下，开展不同日粮结构羔羊育肥饲养试验，育肥不同阶段粗饲料的比例由最初的 70％逐渐过渡到 50％，育肥后期粗饲料的比例不低于 20％。试验取得了较好的效果，在农户中造成了一定的影响，许多农户逐渐接受并改进了饲喂方法。

3. 企业在肉羊日常管理存在的问题及其解决办法

（1）精细管理不到位　虽然管理人员和饲养人员每天都到养殖现场进行观察、督导，但由于养殖规模大、缺乏养殖经验和人员技能有限等，存在管理不到位的现象。例如，羊蹄不能及时修剪，病羊不能及早发现，母羊配种仍采用自然交配的办法，妊娠母羊不能及时识别和分群管理等。

解决办法：①加强督促，发现问题及时让饲养员改正；②加强技术力量培训，包括技术人员和饲养人员，使他们了解湖羊的生活习性，掌握和判断羊异常行为及相应的解决办法，更好地运用到养殖生产实践中。2019年牧繁农育项目专家组技术人员驻场进行技术指导，并聘请中国农业科学院北京饲料研究所、青海省农业科学院畜牧兽医研究所和山西省农业科学院畜牧兽医研究所的专家进行技术培训和现场指导，收到一定的效果。

（2）技术力量较薄弱　目前养殖场缺乏有规模化养殖经验的技术人员和团队，致使选育选配、人工授精、精准饲喂、规模化管理等方面都存在不足。

解决办法：①聘请牧繁农育项目专家组和山西省农业科学院畜牧兽医研究所专家进行技术指导；②聘请有一定管理经验的人员驻场进行具体指导；③培养养殖场自己的技术团队，目前已见到成效。

4. 企业在肉羊辅助设施设备使用上存在的问题及其解决办法

怀仁市金沙滩羔羊肉业股份有限公司的养殖场注重养殖设施的配套工作，养殖场建有干草棚、青贮池、TMR搅拌机、饲料粉碎机、切草机、取料车、裹包机、青贮玉米收割机、拖拉机、铲车、撒料车、精料饲喂车、监控室、兽医室、配种室及供水供电设施设备、有机肥加工厂等，并都投入正常生产，基本能够满足目前的养殖需要。但唯一不足之处是原有的青贮池较宽，需要将青贮池的空间进行分隔。

（三）企业经营现状

1. 企业经营过程中遇到的问题及其解决思路　怀仁市金沙滩羔羊肉业股份有限公司是全产业链生产模式，依托公司的屠宰加工、养殖小区建设、饲草种植等平台基地，将公司、合作社和农户有机结合起来，起到了龙头企业的技术示范和带动产业发展、农民致富的作用。但是，由于全产业链发展受到政策、资金、市场、技术等的影响，任何一方的缺失都会对全产业链的发展造成较大损失。根据目前企业发展的情况和全国肉羊产业发展的情况，面临以下问题或风险：

（1）市场风险　一方面，羊肉产品必须与市场结合，需求能销售出去并且能收回货款；另一方面，要能把养殖户的育肥羊回收，解决农户育肥肉羊的后顾之忧。因此，企业面对两方面的压力，要承担更多的市场风险。

（2）资金问题　产业链的延长必须有雄厚的资金作为保障。企业收储农户的育肥羊、产品销售的资金周转和养殖基地的运行等都需要资金。朔州市、怀仁市近几年均投入了一定数量的资金用于支持肉羊产业发展，政府在政策上予以极大的支持。公司2018年享受财政贷款贴息100万元，享受政府奖励资金20万元；2019年享受财政贷款贴息21万元，申请财政专项扶贫资金550万元实施产业扶贫（基础母羊）项目，申请扶贫周转金委托贷款1 500万元。

（3）技术问题　肉羊全产业链的每个环节都需要科技的支撑，尽管公司在多年的发展中积累了较为丰富的生产管理经验，但是面临市场的激烈竞争和规模化养殖发展，都需要新的管理理念、生产技术来支撑。目前，企业在规模化养殖一线的技术力量比较缺乏，选育选配没有形成较为科学的方案，同时也没有较为有力的技术队伍实施。为此，公司近年来也在加强技术人才引进、农民技术培训和开展技术研发，目前取得了一定成效，但还不足以满足产业发展的需要。

2. 企业与带动农牧户之间的利益链接机制工作情况 公司采取"公司＋合作社＋农户"的发展模式，把养、加、销一体化经营纳入现代化企业运行范畴，形成了一个完整的产业链条。公司通过建设标准化羔羊养殖园区，免费让养殖户入舍饲养，与农户签订出栏羔羊收购协议，带领养殖农户共同致富。同时，与全市养殖户签订了羊粪回收协议，通过加工销售羊粪有机肥形成了企业与农户双赢的发展局面。公司现已形成种植、养殖、生熟肉加工、有机肥加工、冷链物流的全产业链循环发展的模式。公司自 2017 年起，大力发展粮改饲建设项目，流转农村土地超过 300hm²，参与项目建设的农户人均直接收入增加 1 000 元/年，并为农民提供就业岗位 12 个；公司的三大养殖基地与养殖户签订出栏羔羊收购协议，养殖户年收入增加 10 万～15 万元，并为农民提供就业岗位 87 个；公司的生熟肉加工车间为农民提供就业岗位 120 个；公司的有机肥加工车间为农民提供就业岗位 28 个。

目前，在公司的引领示范下，附近已有 20 多个村庄 600 户村民从事养羊业，新建了 16 个养殖专业合作社，建设舍饲棚圈面积超过 10 万 m²，羔羊年出栏量达到了 32 万只，90% 的农民靠发展羊产业使收入增加，全村人均养殖收入达到 6 万元。针对企业员工和养殖户现有知识水平低的现状，公司在积极购进图书、电脑及现代教学投影仪的同时，与国内几所大专院校合作，高薪聘请高级管理人员和科技人才，多次邀请牧繁农育项目专家组、山西省农业科学院畜牧兽医研究所羊产业体系专家教授及省市畜牧兽医服务中心专家为合作社提供科学养殖、防疫、产品加工等技术指导和专业培训。先后组织培训班 10 多期，累计参训职工及养殖户突破 1 500 人次。为了让更多的群众参与到"发羊财"的队伍中，公司还及时成立了志愿服务队，深入公司所属养殖合作社和困难农户中提供帮扶服务，为广大养殖户提供市场信息 110 多条，现场传授养殖技术 510 人次，进行疫病防治 320 次，帮助解决生产、销售等困难问题 60 个。

3. 效益分析

（1）经济效益 ①繁殖母羊群的经济效益分析 企业新购湖羊母羊 6 000 只，按每只母羊两年三产、成活 5 只羔羊计算，年可产湖羊 15 000 只，其中母羊 7 500 只，公羊 7 500 只。母羊经选育后每年可销售种羊 4 000 只，每只按 1 800 元计，每年可收入 720 万元；公羊及不适合做种羊的母羊约 3 500 只，即使按羔羊出售，按每只 800 元，每年可收入 280 万元，合计收入 1 000 万元。扣除养殖成本 600 万元（每只母羊按 1 500 元/年计，包括饲草料、人员及水电、伤损等），可获得纯收入 400 万元。若羔羊进行育肥，每只育肥羊可获纯利润在 100～120 元，每年可再增加纯收入 50 余万元。

②羔羊育肥的经济效益分析 新建的肉羊养殖小区，每批次入栏育肥羔羊 2.5 万只，年饲养 3 批次达 7.5 万只羔羊，每只纯利润在 100～120 元，年纯收入在 750 万～800 万元。按每只羊日产生粪便 2.5kg、年出栏 7.5 万只育肥羔羊、养殖繁殖母羊及羔羊 5 000 只计算，可产生粪便 20 000t，粪便经过有机堆肥发酵加工后，每吨售价 1 000 元，年可收入 2 000 万元。

（2）社会效益 通过集约化饲养、科学化管理、标准化生产，不仅可以有效提升企业自身养羊效益，还可通过试点示范效应带动邻乡邻村农户参与科学养羊，促进区域肉羊养殖小区上档升级。更为显著的特点是，通过利用当地饲草饲料资源优势，并经过科学调制搭配后，每只羊可降低饲草饲料成本 30～40 元，按区域内 100 万只羊计算，年可降低饲养成本 4 000 多万元，不仅可以有效增加农民收入，还可以提升羊肉品质，扩大市场销售范围。另外，通过规模化养殖，还可利用有机肥投入改良土壤，增加单位面积产量，提高种植效益及秸秆利用循环发展，大大提高环境资源、土地资源有效利用率，促进农民增收。公司附近已有 20 多个村庄的 600 户村民从事养羊业，新建了 16 个养殖专业合作社，就业机会增加，外出打工的年轻人在减少，从事养羊业的人员在增加。公司年屠宰育肥肉羊 30 多万只，解决了养殖户育肥羊出栏的后顾之忧，带动了当地肉羊产业的快速发展。同时，公司通过发展羔羊养殖产业，直接带动帮扶怀仁市 252 户贫困户 582 人脱贫增收，每年向贫困户发放产业扶贫收益 46.56 万元，三年共计 139.68 万元。

（3）生态效益 通过公司和企业的带动，仅公司流转土地超过 300hm²，全部作为饲草基地，同时收储农民种植的玉米（粮改饲），使农作物秸秆资源得到了高效利用，杜绝了秸秆焚烧污染环境的现象，使项目区的环境得到明显改善，对保护当地水源，改善农村生产、生活环境，加快社会主义新农村建设具有显著作用。同时，羊粪通过有机肥加工，不仅减少了养殖污染，而且实现了农牧有机循环发展，生态效益明显。

4. 模式归纳总结 公司采取的"公司＋合作社＋农户"发展模式，把养、加、销一体化经营纳入现代化企业运行范畴，形成了一个完整的产业链条。通过纵向一体化和横向相关产业的联合发展，不断扩大产业经营范围，全面实现了羊产业从"牧草种植—种羊繁育—肉羊养殖—有机肥加工—有机肥还田—牧草种植"的链循环发展。通过建设标准化羔羊养殖园区，免费让养殖户入舍饲养，与农户签订出栏羔羊收购协议，带领养殖农户共同致富。同时，与全市养殖户签订了羊粪回收协议，通过加工销售羊粪有机肥，形成了企业与农户双赢的发展局面。通过运用高科技手段进行肉羊良种繁育、科学饲养、产品加工，并形成具有带动性的企业为龙头，以农牧民为龙尾的产业化格局，实现贸工农一体化、产加销一条龙的良性循环，形成"市场牵龙头、龙头带基地、基地带农户"的经营体系，使农牧民的养畜积极性得以提高，促进了项目区及周边农户走向富裕，为当地农牧民发展规模养殖、实现脱贫致富开辟了新的路子，使优质肉羊生产基地得到不断扩大。

二、山西应县玉源和牛养殖有限公司

（一）企业简介

山西玉源和牛养殖有限公司位于朔州市应县臧寨乡小清水河村北的应县现代养殖示范园区内，占地面积 66.47hm²，注册资金 500 万元，是集牧草种植、肉牛养殖为一体的市级农业产业化龙头企业。公司现存栏肉牛 1 000 头，年出栏量 500 头以上。公司属于农育性质，生产的优质肉牛销往河南、山东、河北等地。企业实行"公司＋农户"的科学经营模式，利用农牧交错带的地理优势，紧跟雁门关生态畜牧经济区建设的大政策，促进区域内草牧业粮改饲发展，有效带动周边农户科学养牛，达到了节本、提质、增效的目的，经济效益、社会效益和生态效益明显提升。

（二）企业在养殖过程中存在的问题及其解决办法

1. 企业在肉牛选种选配上存在的问题及其解决办法 企业饲养的育肥肉牛种质全部来自该企业奶牛产业的副产品奶公犊资源。在奶公牛育肥生产过程中发现，部分牛存在生长缓慢和牛群生长速度参差不齐的问题，牧繁农育项目专家组成员通过考察调研、认真分析，挖掘出企业在奶公犊养殖方面存在的问题。

（1）**选种选配方案有待优化** 大多数奶牛场在选择冻精时，对公牛的性状选择多追求的是产奶性能带来的效益最大化，包括产奶量、乳脂率、乳蛋白和体细胞数等指标，其次选择逐步改善体型结构、乳房结构和肢蹄结构等性状。根据本企业上游企业的奶牛产奶性能，结合奶公牛整体育肥效果综合评判发现，奶牛群体母乳性能优良，泌乳牛的产奶量达到年均11t左右，而奶公牛育肥则存在部分牛生长速度缓慢及增重速度差异大等问题。

解决办法：建议在上游公司的选种选配过程中，对种公牛的性状选择可以多元化考虑，在追求产奶性能、乳房结构、肢蹄结构的同时，兼顾奶公犊养殖企业的生产规划，增加奶牛副产品质量，保障养殖经济效益。

（2）**母牛繁殖性能需逐步优化** 企业上游奶牛场在提高产奶性能的同时，只注重公牛的遗传特性，忽视了后备母牛的繁殖性能和选种选配优化。

解决办法：在母牛优中选优的过程中，应遵循一定原则，即母牛个体应有高产母牛的特征表现，如世代间隔短、泌乳力强、母性行为强、育犊成绩好、适应性强等，这些都是选择高产母牛的基本要求；因高产母牛具有一定的外貌特点，这就需要在选择和选留母牛的过程中，认真观察区别，在确认品种的前提下，注意母牛个体外貌特征的选择。此外，对有缺陷的母牛要及时淘汰。同时企业要定期对技术人员进行发情鉴定、人工授精和妊娠诊断的系统培训和交流学习，提高工作人员的业务能力，最大限度地提高母牛的繁殖力。

2. 企业在肉牛饲草料使用上存在的问题及其解决办法 企业的肉牛饲喂方式全部采用TMR饲喂技术，通过调查日粮组成、饲料原料品质、原料加工、精饲料补充料配方、育肥增重效果及粪便情况等，发现存在如下问题：

（1）**日粮配置不科学，非常规饲料资源利用效率有待提高** 合理的日粮配方不仅能够提高牛群的生产性能，同时能够降低饲料成本，提高企业养殖经济效益；而且牛群不同生理阶段对能量和蛋白的营养需求不同，因此，精准饲喂是企业能否产生更大经济效益的关键。企业奶公牛育肥所用精饲料补充料配方为上游奶牛企业泌乳牛所用配方，而且不同阶段的日粮配方均不变，因此，须根据肉牛饲养标准中不同生长阶段的营养需求进行日粮配方的合理配置，才能达到效益最大化。此外，企业地处朔州地区农牧交错带，拥有丰富的全株玉米青贮和苜蓿干草（青贮）等粗饲料资源，而且当地大型酿酒企业（梨花春、雁门春集团）和果品加工企业可产出大量的果渣、酒糟、枣渣等，这些非常规饲料由于水分含量大、不易保存、容易变质等特点，饲料化利用效率较低，造成了资源的浪费和环境的污染。企业目前对这些非常规饲料资源进行了利用，但在使用的过程中没有分析常规营养成分，更未对饲喂效果开展对比，而且也未完全克服饲料保存问题，仅按照经验在使用的过程中对原有日粮配方中的部分饲料进行等比例或等质量替换，无法评价饲喂效果。

解决办法：牧繁农育项目专家组和山西省农业科学院畜牧兽医研究所养牛团队协助企业对牛群进行分阶段分群饲养管理，根据奶公犊不同生长阶段的营养需要，运用典型饲料配方关键技术，根据当地的资源禀赋条件，并提供了奶公犊阶段性饲料配方。为了降低饲养成本，合理利用当地资源，企业常年使用常规与非常规饲草料资源相结合的日粮配置方案，积极开展全株玉米青贮及酒糟肉牛饲用化关键技术示范推广。非常规饲料资源主要包括来源于当地酿酒厂如应县梨花春酒业的白酒糟（鲜糟年产量 4 000t），以及当地酒类加工企业的下脚料果渣和枣渣等。在鲜酒糟充足供应的季节，企业制定科学适宜的酒糟饲喂量，降低饲养成本；而在缺乏酒糟供应的冬春季节，则采用果渣和枣渣等饲喂肉牛。通过开展低成本饲养发现，苜蓿青贮和全株玉米青贮混合饲喂肉牛，饲料成本降低 2.75％；用枣泥替代 5.74％的玉米育肥肉牛，饲料成本降低 1.35％。枣泥应用于肉牛饲料中，可以提高农副产品资源的利用，降低饲料成本，缓解玉米饲料需求的压力。

根据当地酒糟含有丰富的粗蛋白、多种微量元素、维生素、酵母菌、赖氨酸、蛋氨酸和色氨酸等，而果渣中含有大量的可溶性糖、维生素、矿物质及纤维素等营养物质的特点，牧繁农育项目专家组建议企业合理使用这些非常规饲料资源，以提高肉牛采食量、日增重，改善牛肉品质，降低饲料成本。专家组指导企业在夏季利用酒糟替代部分玉米青贮和苜蓿青贮，冬季利用果渣发酵饲料替代部分粗饲料和精饲料补充料，并合理调整日粮配方，以达到精准饲喂的目的。同时开展酒糟、红枣和果渣的营养价值评定和饲喂效果评价，并根据肥育不同阶段营养需要，开展添加不同比例的酒糟、红枣或果渣的肉牛育肥试验，确定合理的添加比例，为有效利用当地廉价的非常规饲料资源，降低企业的饲养成本提供了技术支撑。

（2）精饲料补充料中玉米原料加工过细　牧繁农育项目专家组在调研过程中，通过查看精饲料补充料的原料品质和加工程度，发现精饲料加工过程中存在玉米粉碎粒度太细（图 2-1），这不仅加大了电力损耗，而且影响日粮利用效率，还易引起瘤胃酸中毒和真胃移位等营养代谢性疾病。专家组通过查看肉牛粪便及病牛的治疗记录，发现精饲料中原料加工过细已经在一定程度上引发了营养代谢性疾病。

图 2-1　精饲料补充料中的玉米原料

解决办法：肉牛育肥日粮中玉米的粉碎程度十分关键，其直接影响日粮的消化利用效果。玉米中60％～70％的成分为淀粉，是肉牛日粮中的重要淀粉来源。淀粉在瘤胃中产生挥发性脂肪酸，是肉牛肥育生产的重要能量来源。淀粉在肉牛日粮中的含量通常在10％～30％，玉米中的淀粉被蛋白基质包裹，饲喂前要对其进行加工处理，如粉碎、碾压、蒸汽压片等，便于瘤胃微生物和肠道各种酶的充分接触，以提高淀粉在胃肠道的消化率。其中粉碎是最常见、最便捷、最经济的加工方式。若玉米粉碎恰当，淀粉消化率高达90％～95％；若粉碎不当，淀粉消化率不足70％。整粒玉米饲喂时，粪便中残留的整粒玉米高达15％～30％。因此，给玉米选择合适的粉碎粒度对改善其在瘤胃内的淀粉消化率非常关键。建议企业对精饲料中玉米原料加工参数进行消化试验和育肥试验效果评价，筛选合适的粒度参数。

（3）全株青贮饲料玉米籽粒破碎不够完全，且保存不当　近年来，企业广泛使用全株玉米青贮作为育肥肉牛的主要粗饲料来源之一，通过对全株玉米青贮品质进行评价并观察牛群粪便发现，尽管玉米的粉碎粒度很细，但粪便中仍可见未消化的整粒玉米籽实；而对全株玉米青贮品质进行感官评价可发现，玉米籽粒破碎度较差，整粒玉米比例较高。这是造成玉米籽实不能有效利用而直接排出的主要原因之一，造成了青贮营养的浪费，也随之影响了牛对日粮的消化率。企业还存在全株玉米青贮保存不当的问题，导致部分青贮发霉变质，甚至有些部位有真菌长出（图2-2）。

图2-2　全株玉米青贮发霉变质

解决办法：全株玉米青贮是草食畜养殖中公认的优质饲草资源之一，全株玉米青贮制作工艺较为成熟，但是全株玉米的收获加工工艺则一直在优化中，尤其是玉米籽实的破碎工艺更是广受关注。目前，国产收割机的籽实破碎程度较之国外联合收割机有所差异，且玉米收获期也是影响玉米籽实破碎度的重要因素之一。因此，牧繁农育项目专家组建议企业在玉米青贮过程中，精准掌握收获时机，要将籽实破碎程度作为选择玉米联合收割机组的重要指标之一，多措并举，共同解决全株玉米青贮中籽实破碎不充分的难题，改善青贮质量，提高全株玉米青贮的饲喂效率。

3. 企业在肉牛日常管理中存在的问题及其解决办法

（1）牛群分群管理有待加强　该企业牛群存栏量为1 000头左右，且具备充足的圈舍和运动场条件。然而，受固有管理观念等因素影响，牛群分群不合理。该企业的原牛群基本分为两类，其中一类为刚入场的断奶犊牛，另一类为入场过渡2个月后的育肥群。然而，育肥群体中牛体型大小不一，肥瘦混杂。此外，两个牛群所用日粮均为同一配方。因此，导致牛群生长速度不均一，尤其犊牛生长在一定程度上受限，未能激发牛个体最大生长潜能。

解决办法：由于肉牛在不同生理阶段对饲料营养的需要量及饲养管理要求不同，牛分群不合理且日粮和饲养管理粗放会使不同生理阶段的牛不能达到预期的生长目标，这不仅在一定程度上造成了饲料资源的浪费，更不利于防疫管理。因此，项目执行过程中，通过使用肉牛营养需要与典型饲料配方关键技术，对牛群进行分阶段饲养管理，并对应使用相应生长阶段营养需要的日粮后，比较生长速度和饲喂效果，为企业的牛群分群管理提供科学依据和技术支撑。前期的示范结果已初见成效，通过分群管理，牛采食均匀，饲料利用率提高，育肥效果明显改善。目前，已建议企业采用牧繁农育项目的肉牛育肥关键技术，分成 3 个阶段的分群饲养管理方案；同时，在随后的项目实施和生产管理中，建议对拟出栏牛群进行更细致的分群，以应对市场波动或者是发生疫情时的牛群饲养管理应急措施。

（2）圈舍环境卫生管理须改进　圈舍环境卫生直接影响牛群的健康，同时影响牛群采食的饲料和水质，尤其夏季更容易导致投放饲料变质。通过长期跟踪观察企业牛群环境和卫生状况，发现主要存在饮水槽刷洗、蚊蝇消杀及清粪不及时或不到位等问题，这种情况不仅会造成饲养管理环境脏乱差，更会影响牛群舒适度，导致投放的饲料腐败变质。长期采食不新鲜饲草或饮用臭水可能会引起牛群呼吸道和消化道疾病，影响牛群的整体生产性能。

解决办法：建议企业在牛群分群管理的基础上，加强牛场卫生制度建设，尤其是制度建设后的监督管理，责任到人。此外，通过项目示范后产生的实际效果以及制度建设实施后的经济效益核算，让企业看到效益，并发挥企业的领头效应，辐射带动周边养殖场（户）改善环境卫生。

（3）精准化饲槽管理有待加强　牧繁农育项目专家组通过观察牛群采食情况及牛群行为，发现牛群有吃不饱的问题，每次投料前料槽经常无剩料，或者仅在牛不能够采食到的位置有剩料。在散栏饲养状态下，理想的饲喂状态应该是每次投料前应该有少部分剩料，投料2h后观察牛群状态应该有1/3的牛在采食，1/3的牛在休息反刍，1/3的牛站着活动。而该企业经常会看到有大部分牛群在食槽附近徘徊，这可能是管理不到位引起的，比如自动投料时由于撒料面较宽，牛仅能采食靠近颈枷部位的饲料，导致排位靠后的牛采食量不够，牛群吃不饱定会延长育肥时间，降低养殖场经济效益（图 2-3）。

图 2-3　饲槽管理问题：撒料面过宽（左），小苏打等未混入 TMR（右）

解决办法：牧繁农育项目专家组团队成员驻点测定该企业饲料原料营养成分、并进行粗饲料体外消化试验和组合效应评价，结合当地饲草料资源筛选、制定不同育肥阶段日粮配方。依据每月实地测定采食量、日增重等数据指标，调整日粮配方，并根据牛群结构，合理调整牛群饲喂量。同时，要求管理人员要及时查看料槽采食情况，肉牛吃不到的饲料要及时推至饲槽合理位置，加强料槽管理，并将料槽管理作为绩效考核的重要指标。

（4）牛群疫病防控体系不健全　由于牛群没有合理分群，加上管理不科学，有一部分病牛和受伤牛没有及时发现并救治，这些牛不仅浪费饲料，而且生产性能得不到提高，影响养殖经济效益，且存在感染其他健康牛的风险，理应尽快处置。此外，发现有部分牛伴有呼吸道疾病，但没有及时发现更没有对早期发现的病牛进行隔离，导致部分圈舍整圈牛群感染，治疗时耗时费力。

解决办法：建立健全疫病防控技术体系，并制度化管理。要求管理人员每天观察牛群健康状况，尤其在冬春季这类呼吸道疾病易发的季节，做到早发现、早隔离、早治疗，尽量减少不必要的损失，对无治疗价值的病残牛应及时淘汰。此外，新购入的犊牛必须按规定时间隔离和防疫。

4. 企业在畜舍设计建造方面存在的问题及其解决办法

（1）圈舍设计存在不合理　牛舍的舒适环境对提高肉牛生产性能和身体健康具有重要的意义，对提高养殖企业的经济效益具有重要作用。本企业由于地处北方，气候条件寒冷，为了保暖，圈舍设计采用全封闭式设计，屋顶封闭侧面开窗，且屋顶没有留有通风道，也没有采光板加入，这样虽然在冬季达到了保暖的效果，但是通风不畅导致圈舍内空气质量差，且圈舍采光不足也使得牛群的养殖环境不佳，这些问题不仅会影响牛的健康养殖和生长速度，同时会引发呼吸道疾病的传播，不利于企业奶公牛优质肉牛的生产。此外，在护栏、颈枷等位置，留有铁丝或其他容易刺伤牛的设计，这些容易造成牛不必要的损伤（图2-4）。

图2-4　圈舍设计不合理：圈舍通风及采光不良（左），护栏留有尖锐物（右）

解决办法：为了避免这些问题，建议牛场可因地制宜地适时对现有圈舍进行通风和采光改造，尽量保障牛舍夏季通风、冬季保暖等规模化养殖必备条件，提升牛群生长环境、缩短肥育周期，并且将牛可接触设备设施的毛刺全部处理。此外，牧繁农育项目专家组建议企业在后期扩建圈舍时要总结前期牛场建设的不足之处，参考企业所处地理位置气候条件，科学合理地设计规划牛舍，做到满足屋顶采用日光板、旋转通风设施、地面防滑、饲喂通道合理、饮水设备齐全等硬件条件。

（2）运动场排水不畅　牛场存在雨污未分离，尤其是雨天屋檐、运动场排水不畅等问题。在初夏雨水不多的季节，晴朗的天气下仍能看到运动场存有积水，夏秋雨季排水不畅问题尤为显著。运动场周边设有排水沟但沟内堵塞，没有被利用几近于废置，雨水、污水混合流向地势低洼处，存在严重的安全隐患。运动场内长时间存留大量积水更容易引起牛群腐蹄病和消化道疾病等问题（图2-5）。

图2-5　运动场排水不畅

解决办法：改造运动场设计坡度以利于排水、改造牛舍屋顶排水系统等，避免或降低雨季大量雨水导入运动场对牛群造成伤害和疾病，同时加强牧场生产管理，及时、定期清粪，并及时垫沙，给牛群保持一个舒适干燥的环境。

（3）粪污处理设施缺失　企业未配备粪污处理设施，没有健全的粪污处理系统，堆粪场的粪便处理不及时；治污设施管理不善，损坏后没有及时维修，污水渗漏现象时有发生。育肥牛场每天会产生大量粪便，如果不加处理任其堆放，不仅污染环境，还容易滋生大量病原，导致寄生虫和传染性疾病的传播，危害牛群健康，给牛群管理带来负担，也会给企业带来严重的经济损失。

解决办法：生态堆肥还田是将粪污收集后堆积，在有氧的情况下，利用环境中的微生物或添加好氧堆肥菌剂，对粪污中的有机物进行生物化学处理的一种模式，是解决养殖场粪便污染最简单的一种方法，尤其适合本企业肉牛养殖场实施。同时建议推行"截污建池、收运还田"模式，通过干清粪，配套建设雨污分流、粪污腐熟、粪肥贮存和还田利用设施，企业自用或第三方企业开展粪肥"收运还田"利用。

5. 企业在肉牛辅助设施设备使用上存在的问题及其解决办法

（1）转群、防疫、称重通道缺乏　牛场各个圈舍之间未设计分群、赶牛、防疫通道，平时进行牛群调整时费时费力，且牛群应激反应大。驱赶牛群时存在牛体损伤甚至工作人员伤亡的风险，进而增加牛群的医疗费用及其他不必要的成本支出，降低养殖效益，而分群、赶牛、防疫又是育肥牛场经营管理必须进行的工作内容。

解决办法：根据生产需要设计建造必需的转群、防疫、称重通道，依据牧场现有布局增加称重设备，通道可建成永久和临时设备，依生产情况定建；转群通道可提前根据生产需要全部建成临时设施，避免牛群转群应激反应，影响生产效益，完成转群工作后可拆除；防疫通道根据牛群结构可通过建临时通道、颈枷或牛舍建保定架等措施完成。

（2）半地下青贮窖排水不畅　优质的青贮饲料是提高牛群生产性能的重要物质保证，对提高企业的经济效益至关重要。场内使用半地下青贮窖，虽然入口处有地下排水口，但由于当时坡度设计不合理，雨后总留有积水，存在排水不畅的问题，这极大地影响了青贮的品质，同时对牛群健康带来安全隐患（图2-6）。

图2-6　青贮窖排水不畅

解决办法：牧繁农育项目专家组建议在地势低的两个角落新增排水口或添置潜水泵，缓解排水不畅的问题，以后改造或扩建时尽量建造成地上青贮设施。

（3）缺乏人员消毒通道　由于消毒通道是阻断外来疾病的低成本简易设施，但平时管理容易疏忽。场内未建有人员消毒通道，存在严重的安全隐患。

解决办法：必须重视消毒通道使用的重要性，牧繁农育项目专家组建议设置消毒通道。牛场人员通道消毒，推荐使用安全性能高、消毒效果好的消毒剂。

（三）企业经营现状

1. 企业经营过程中遇到的问题及其解决思路

（1）企业经营难题　鉴于国内高端市场活跃，高端产品前景向好，公司着力打造高档肉牛（和牛）标准化、规模化养殖，进行基础设施标准化建设，建立高档肉牛饲养方法。但公司开办最初几年，持续处于亏损状态，因此，公司必须寻求新的出路，进行转型发展。

（2）前期亏损原因分析　其一，高档牛肉生产饲喂技术达不到标准。与饲养普通肉牛相比，饲养高档肉牛必须具备一定的技术储备，尤其是在育肥期，需要一定的精饲料配方和饲养方法，否则很难形成独特的营养价值和口味。其二，高档肉牛生产养殖前期投资巨大，周期长，风险大，回报慢，一旦生产管理出现问题，资金链断裂，会对企业造成毁灭性打击。其三，高档牛肉生产基础母畜存栏量低。肉牛养殖要实现规模化，前提是拥有足够多的基础母畜，但企业前期引进数量不大，所以短期内扩繁基础牛群较难实现。

（3）解决思路　朔州市作为全国10个粮改饲发展草食畜牧业试点之一，奶牛养殖业发达、奶公犊来源充足且运输方便，饲草料资源丰富。牧繁农育项目专家组建议公司从事荷斯坦奶公犊肥育和饲草料种植，并为此进行科学规划。日常生产管理聘请专业团队运作，营养调控和疾病防治方面由养牛团队提供技术支持，保证40日龄奶公犊18个月育肥至600kg以上出栏，逐步形成种养结合的新经营模式。

具体运营模式：收购上游公司奶牛生产的荷斯坦奶公犊进行直线肥育，一部分奶公犊在6月龄进行阉割，饲喂优质牧草以生产优质牛肉，其余用于生产普通牛肉；依据不同阶段营养需求制定相应的日粮配方，精准饲喂，并合理利用非常规饲料，如夏季用酒糟、冬季用果渣；开展低成本肉牛饲喂，以地方特色低成本饲料（枣泥）代替部分精饲料（玉米）；应用全混合日粮（TMR）技术，节省饲料成本，提高劳动效率；自有地种植青贮玉米和苜蓿，并制作全株玉米青贮和苜蓿青贮，储存的青贮既可满足公司需求，又可外销创收。另外，公司采用"公司＋合作社＋农户"的帮扶模式，公司通过技术和生产资料的输入，帮助合作社完成从犊牛到育肥出栏的科学高效饲养，最后由公司以保护价（市场平均价）收购出栏牛，再统一售卖。

2. 企业与带动农牧户之间的利益链接机制工作情况 企业通过技术服务、要素供应和协助售卖等方式与养殖专业合作社、农户形成利益链条。

（1）企业在应县和怀仁市选择了10家养殖专业合作社，为了降低养殖风险，由玉源和牛养殖有限公司（简称玉源公司）提供技术服务，主要包括营养调控、低成本饲喂、青贮技术应用和疾病防治等内容，技术服务主要通过技术讲座和现场服务的形式开展。另外，种养结合的玉源公司，拥有自己的种植基地，加上收购农户的玉米，通过自建的青贮池制作青贮饲料。青贮饲料储备充足，可为养殖合作社以略低于市场价的价格提供饲料供应，节省饲料成本。由玉源公司为合作社代采购饲料原料、兽药、疫苗和设备等，采购量大，使采购成本大幅降低，进一步降低合作社和带动农户的养殖成本。

（2）以企业为示范模板，养殖专业合作社和农户可以到企业参观学习，企业向合作社和农户介绍成功经验，让合作社和农户看到养殖效益，提高其养殖积极性，真正用心将学习的经验应用到肉牛养殖过程中。

（3）在奶公犊肥育结束后，由公司统一向合作社和农户以保护价收购出栏牛，再由公司统一销售。"公司＋合作社＋农户"的模式，实现了养殖业、种植业的良性循环发展，有效促进了肉牛产业发展，尤其在为农户创收方面做出了巨大的贡献。

3. 效益分析

（1）**经济效益** 通过与应县仁河富民养殖专业合作社、应县亿达养殖专业合作社等10家合作社以及玉源公司座谈交流了解到，以前合作社饲养肉牛，育肥周期长，饲料成本高，经济效益差。而在玉源公司开展技术培训及联产联销的帮助下，合作社饲料原料采购成本有所降低，牛群发病和治疗费用支出也大幅下降，育肥牛在18～20月龄达到出栏标准，出栏价较之前也有所提高，平均每头牛能多赚500～800元。

（2）**社会效益** 企业采用"公司＋合作社＋农户"的模式，带动帮扶10家养殖专业合作社，助力脱贫攻坚，促进劳动力转化，由种植业向养殖业转型，提高了农户的经济收入水平；以企业成功经验为示范模板，提升合作社和农户肉牛养殖水平，有效带动周边农户科学养牛，积极推动雁门关农牧交错带肉牛产业发展；企业直接收购出栏牛，保护了合作社和农户的利益，实现了企业和养殖户的双赢；同时企业和合作社吸收闲余劳动力，解决部分农民就业问题，帮助农民脱贫增收。

（3）**生态效益** 在朔州市大力推进粮改饲改革的大背景下，玉源公司积极带动周边合作社和农户，一定程度上缓解了传统养殖对草地资源和生态环境的破坏；合理利用当地农副产品资源如酒糟、果渣等作为饲料原料，节约饲料资源；利用青贮技术，减少秸秆焚烧的污染，有利于净化农村生态环境，生态效益显著；牛粪经过发酵处理还田，改善了粪便无处堆放、臭味难闻的状况，土质得到了改良，实现生态循环发展。

4. 模式归纳总结

（1）利用上游公司奶牛所生产的荷斯坦奶公犊进行育肥，改善当地肉牛牛源不足的现状。

（2）利用荷斯坦阉牛饲喂优质饲草生产优质牛肉，提高经济效益。

（3）利用当地当季非常规饲料，根据肉牛不同生产阶段营养需要合理调整配方，实现精准饲喂。

（4）采用"企业＋合作社＋农户"的经营模式，带动农户科学养牛，助力脱贫攻坚。

三、山西朔州市平鲁区瑞和农牧专业合作社

（一）企业简介

朔州市平鲁区瑞和农牧专业合作社是一家专门从事肉羊养殖的农民合作社。该合作社占地面积 29 993m²，建筑面积 10 000m²，饲养杜泊羊、澳洲白绵羊、湖羊等 2 000 只，采用杂交生产模式：主要利用杜泊羊、澳洲白绵羊公羊和湖羊母羊进行杂交，生产杜湖、澳湖杂交后代羔羊。合作社采用的是半舍饲自繁自养的模式，即全年大约1/3的时间舍饲饲养，2/3 的时间放牧。合作社以饲养母羊为主，年繁殖羔羊 2 000 余只。经营活动属于牧繁性质。多年来，通过养殖肉羊，种植紫花苜蓿、草木樨、雀麦等牧草，已发展成为一家集肉羊养殖、牧草种植为一体的农业产业化龙头企业，是一个标准化肉羊繁育示范基地。

（二）企业在养殖过程中存在的问题及其解决办法

1. 企业在肉羊选种选配上存在的问题及其解决办法　近几年，瑞和农牧专业合作社以发展为出发点，充分利用当地资源优势，推广新品种，改变当地品种单一、生产能力低下的养羊格局。通过引进优种公羊杜泊羊、澳洲白绵羊，与湖羊进行杂交改良，提高了肉羊的生产性能，建立了肉羊杂交生产体系。但是，由于母羊的饲养量较多，公羊较少，多年没有进行过公羊的血液更新，势必造成近亲繁殖和生产性能下降，急需提高羊的选育工作。但由于多年来养殖方式和饲养水平落后，羊的选种选配工作存在以下问题：

（1）优良品种缺乏　合作社长期以来没有进行品种选育，良种比例过低，生产性能降低。优种公羊血液更新慢，基础母羊淘汰更新难度大，优质后备母羊补充不足，导致母羊群整体质量提高缓慢。

解决办法：调整羊群结构，淘汰生产性能低和利用年限较长的公羊。牧繁农育项目专家组建议引进优质种公羊进行杂交改良，提高羊群整体生产性能。选留杂交母羊作为后备母羊，普及二元杂交，积极推广三元杂交，提高羊群优良品种的比例。

（2）选种选配无计划　合作社长期以来缺乏有计划的选种选配，羊群无系谱和配种记录，公母羊同群放牧，后备母羊早配，羊群近交乱配现象严重，生产能力及繁殖性能降低。

解决办法：进行有计划的选种选配时，要遵循优秀种羊的选配原则，选择最好的公

羊选配最好的母羊，要求公羊的品质和生产性能必须高于母羊，较差的母羊也要尽可能与较好的公羊交配，使后代的生产性能得到一定程度的改善，不允许有相同缺陷的公母羊进行选配。羊群近交系数应控制在 6.25% 以下。

（3）繁殖技术落后　合作社饲养以放牧为主，配种以本交为主，公母羊同群放牧。一方面造成产流水羔现象严重，羔羊成活率降低，羔羊不能统一管理、统一出栏，影响羊的生产管理和经济效益；另一方面按照公母羊本交比例 1：（25～30），要想完成配种计划，增加了公羊的饲养量和饲养成本，为肉羊的选种选配增加了难度。

解决办法：公母羊分群放牧。配种时，公羊选用健康、性欲旺盛、精液质量好的成年公羊，牧繁农育项目专家组建议对母羊采用同期发情处理方法：在母羊阴道埋植孕酮阴道栓（CIDR）13d，第 13 天去栓同时，肌内注射孕马血清促性腺激素（PMSG）300IU，12h 后利用试情公羊进行试情，用试情公羊试出的发情母羊，在去栓后 48h 输精 1 次，60h 再输精 1 次，发情母羊人工输精后，用试情公羊连续试情 2 个情期（34d）后，母羊不再发情，就初步判定为受孕。为了提高优种公羊和母羊的利用率，也可利用超数排卵、胚胎移植技术，快速扩大优良品种的群体。

2. 企业在肉羊饲草料使用上存在的问题及其解决办法　合作社在各级政府的大力帮助支持下，努力构建种养循环，粮草兼顾、草畜一体、农牧结合的新型草牧业发展格局。2019 年合作社种植苜蓿草 200hm²，加工苜蓿青贮 1 600t。解决了肉羊饲草料缺乏问题。实现了种草养畜的发展模式。但是，由于合作社饲养方式以放牧为主，饲草料额外进行补饲，没有形成科学的饲喂方法，在肉羊饲草料使用上还存着以下问题：

（1）人工投入不足，草地退化严重　合作社肉羊的饲养以放牧为主，形成了靠天吃饭、重畜轻草的观念。天然草地缺乏有效的管理养护，草地过度放牧导致退化严重；人工牧草种植缺乏规划和布局，机械化生产程度低。

解决办法：根据当地的自然、气候条件和资源，对牧草种植进行科学规划；充分利用作为"粮改饲"示范区的优惠政策和补贴，大力推广紫花苜蓿、杂交甜高粱、玉米草等优良牧草品种的种植，逐步从传统的种植"粮食作物-经济作物"的二元结构变成"饲料作物-粮食作物-经济作物"的三元结构，为肉羊产业提供充足的优质牧草。

（2）日粮配合不科学，草料浪费严重　多年来，合作社饲喂肉羊的饲草料随意搭配，没有按照羊在不同生长阶段营养需要和饲养标准进行科学配制。补饲主要以粗饲料为主，精饲料只补饲玉米、饼类。由于日粮营养缺乏或不平衡，引发许多营养代谢病，同时还造成较大的经济损失。

解决办法：利用全株玉米青贮和苜蓿青贮技术制作优质青贮；要坚持以畜定草、草畜结合，加大调粮种草和粮草轮作的力度；利用合作社所在区域的饲料原料资源，根据肉羊不同生长阶段营养需要，制定出不同品种、不同生长阶段的日粮配方，以促进肉羊的生长发育，增加养羊的经济效益。

在牧繁农育项目专家团队的帮助下，开展低成本饲喂技术和放牧＋补饲关键技术示范推广。合作社通过对示范区饲草料营养成分的测定，根据母羊和羔羊的营养需要和饲养标准，结合当地资源优势，制作出适合母羊和羔羊补饲的日粮配方；为了充分利用当地的豆腐渣资源，在牧繁农育项目专家建议下，合作社通过在玉米秸秆青贮中添加 20%～

30％豆腐渣和发酵剂，从而改善了青贮品质，增加发酵饲料营养价值，延长了豆腐渣贮存时间，节省了饲料成本，提高了经济效益。

3. 企业在肉羊日常管理中存在的问题及其解决办法 瑞和农牧专业合作社养殖方式以传统的放牧为主，由于合理利用天然草地放牧，可节约粮食、降低饲养成本和管理费用、增强羊的抗病能力。因此，在肉羊饲养管理中，羊的放牧管理非常重要，其他日常管理还存在一些问题：

（1）"隔离观察"制度不到位 在购进肉羊时，新引进羊直接与合作社羊群混群饲养，增加了交叉感染疾病的风险；饲养过程中，发现患病羊未能及时隔离治疗，导致群发病发生，增加养殖风险和成本。

解决办法：合作社尽量自繁自养，切断疾病传入的途径。牧繁农育项目专家建议在购进肉羊时，一定要从有资质、防疫措施制度完善的良种培育基地选购，同时应由当地兽医卫生监督机构出具产地检疫合格证明等。将购进的种羊隔离1个月，并进行血样检测，确保完全健康后方可入群。

（2）卫生防疫制度不到位 羊场卫生消毒不彻底，病死羊无害化处理不规范。对发病羊处理不当，没有按国家有关规定采取及时隔离、封锁、消毒、扑灭等措施。对因病死亡的羊，则未能严格按照无害化处理标准进行处置。

解决办法：做到每天彻底打扫圈舍，及时清理粪便，严格执行消毒制度，不同类消毒药物交替使用。发现疫病正确扑灭，做到迅速隔离病羊，及时合理治疗，紧急接种疫苗。对病羊污染的场地、饲料、用具和饮水要紧急彻底消毒。对病死羊进行无害化处理，避免其成为新的传染源和传播途径。

（3）防疫措施不到位 没有科学制定适合场区的免疫程序，不能按照肉羊养殖技术要求制定免疫程序，只是凭自身养殖经验选择性进行接种，缺乏基本的防疫意识。存在侥幸心理，认为只要饲养及消毒方面做好就无大碍，这会给养殖带来极大风险。

解决办法：做好免疫接种工作。根据当地农牧部门要求，结合养殖场实际，牧繁农育项目专家与合作社技术人员研究制定了相应免疫程序。严格按照免疫程序进行免疫接种，激发动物机体产生免疫应答，从而使羊群产生特异性免疫，绝不能因疏忽大意而给养殖场造成经济损失；采用药物预防和治疗，饲养过程中可添加一些预防性药物（如电解多维）增强羊群自身抵抗力。

4. 企业在畜舍设计建造方面存在的问题及其解决办法 瑞和农牧专业合作社位于平鲁区双碾乡杨家窑村，四面环山，植被条件优越，适于放牧。由于地理位置特殊，只能借助当时实际地势，进行羊场设计建造，所以在羊场羊舍设计和建造方面还存在着以下问题：

（1）羊舍设计不科学 羊舍在修建过程中，没有科学地设计通风、换气、采光、保暖等设施；配套的排污、储污附属设施不完备，致使粪尿处理净化不彻底，造成饲养环境差（图2-7）；羊舍和运动场面积比例不合理。

解决办法：尽量通过维修和更换设备来改善羊舍的通风、换气、采光等条件；改造羊舍的排水设施，完善粪污处理设施；按照运动场和羊舍正常面积比例，用隔栏进行重新规划。

图 2-7 羊舍排污系统设计不合理

（2）羊场布局不合理 羊场布局没有产羔室和人工授精室。合作社位于朔州市平鲁区，年平均气温 5.5℃，冬季气温较低。母羊在产羔时，羊舍的温度较低会影响羔羊的成活率。母羊产羔时，羊舍温度要求达到 8℃以上，才能保证羔羊出生后，不致冻伤。羔羊产出后，为避免母羊不认羔，要及时烘干羔羊，并尽快让羔羊回到母羊身边。合作社经营模式以牧繁为主，主要是利用优质种公羊杜泊羊、澳洲白绵羊与湖羊进行杂交改良，生产出生长发育快、繁殖率高的杂交后代。利用人工授精技术不但可以提高公羊的利用率，还可降低公羊的饲养数量和成本。

解决办法：牧繁农育项目专家根据羊场产羔室和人工授精室建设要求，结合现有的羊场布局，指导合作社合理修建或改造母羊产羔舍、公羊采精室和人工授精室，提高了母羊的受胎率和羔羊的成活率。

5. 企业在肉羊辅助设施设备使用上存在的问题及其解决办法 据相关调查研究表明，肉羊的生产力大约 20% 取决于遗传，40%～50% 取决于草料，30%～40% 取决于环境条件，而生产环境直接影响畜牧场经济效益的 10%～30%。通过对朔州市瑞和农牧专业合作社肉羊养殖设备及养殖环境的了解，发现存在以下问题：

（1）羊舍配套设施不完善 合作社实施规模化养殖需要降低人工成本，提高生产效率，逐步实现养殖的设施化。现有羊舍配套设施不适合生产发展的要求：羊舍饲料的饲喂通道不适合机械送料，限制了 TMR 技术的使用；羊舍的清粪通道不适合机械作业，人工清理粪便工作强度大；冬季恒温饮水设施使用少，影响羊的消化功能；羊的环境控制设施应用少，造成羊舍环境污染，增加了羊呼吸系统疾病的发生概率。

解决办法：设计标准化的羊舍，使羊舍的性能满足肉羊生长需求，从而促进肉羊健康发育。羊舍设施主要包括饲喂通道、清粪槽道、羊床、羊隔栏等设施。羊舍设施设计时需要考虑羊活动休息、饲喂、送料、清粪及各种围栏设施达到标准化，使羊舍设施标准化技术充分满足肉羊生物特性和舍内机械作业的要求。

（2）机械化设备较少 随着合作社养殖规模加大，饲养成本也逐渐增加，尤其人员工资越来越高，机器代替人工已成为发展趋势。目前仍未配置一些必要机械设备，降低了合作社的生产效率，影响养羊的经济效益。

解决办法：针对目前饲喂技术存在的问题，积极推广适合肉羊标准化养殖场使用的固定式和移动式两种中小型 TMR 搅拌技术的配套设备，达到了机械化饲喂，减少了劳动力，提高了生产率；饮水设施设备主要是为了解决水料同槽及无法自由饮水的问题，达到羊自由饮水且不受冬季气温影响的目的。可率先进行碗饮水技术及连通式独立饮水系统的推广应用。

（三）企业经营现状

1. 企业经营过程中遇到的问题及其解决思路　瑞和农牧专业合作社按照朔州市平鲁区发展草牧业实施方案的要求，利用当地的资源优势，在政府有关部门的大力支持下，发展成为集饲草料种植加工、繁殖母羊生产、羔羊生产为一体的产业链生产模式。主要采取合作社＋农户经营模式。合作社由农户按照自愿原则入股，共同参与羊场的生产经营和管理。合作社在发展过程中充分发挥龙头企业示范带动作用，促进了当地养羊业的发展。

瑞和农牧专业合作社在经营过程中，产业链各个环节可能会受到市场冲击、政策导向、技术水平等因素的影响。通过对合作社生产经营情况的了解，结合当地养羊业发展的情况，发现存在一些急切需要解决的实际问题。

（1）养殖人员的素质有待提高　养殖场从事规模养殖生产的从业者年龄层次普遍偏大，文化程度偏低，懂技术、懂管理的经营者还不到40％，对市场预测准确度低，抵抗风险的能力差，接受新技术速度慢，直接影响畜牧产业快速高效发展进程。

解决思路：通过牧繁农育项目专家组、高等院校、科研院所共同合作，定期有针对性地对养殖管理和技术人员进行技术培训，并选择一些生产经营较好的企业去参观学习；企业作为成果转化项目的示范基地，多参与一些项目的实施，提高企业养羊技术水平。

（2）项目扶持资金较少　由于资金困难，基地建设投入普遍不足，政府对畜牧产业投入不足，支持资金兑现力度不大，一些优惠的政策还无法完全落实，使肉羊新品种引进和示范新技术的推广应用受到很大限制，制约了肉羊业标准化和集约化发展。

解决思路：及时了解当地肉羊产业的现状和发展趋势，多与上级有关部门沟通了解有关政策，借助大专院校和科研院所的技术优势，积极申报课题，争取项目扶持资金，促进肉羊产业的发展。

（3）技术水平低　合作社在生产的各个环节都需要技术支撑，受传统养殖习惯的影响，在养殖过程中还存在着许多问题：①优良品种比例较少，引进优种羊不注意选育提高，造成生产性能降低。引进公羊利用率低，人工授精技术还没有推广。②"一年放牧半年长，夏长秋肥冬瘦春死亡"的现象仍然存在。羊补饲日粮随意搭配，造成营养不平衡。日粮配方不能按照羊营养需要配制。③羊的防疫措施不到位，没有建立科学的免疫程序。一些先进的养羊技术还没有得到推广应用，制约了企业养羊业的发展。

解决思路：加强选种选配，选育提高羊群质量。做好肉羊的疾病防治。制定科学的饲养管理规程。根据合作社的养殖现状，针对养殖过程中存在的技术问题，邀请牧繁农育项目专家进行现场技术指导和理论培训。通过培养合作社技术人才，提高企业的养羊技术水平。

2. 企业与带动农牧户之间的利益链接机制工作情况　企业与农牧户利益链接机制主要采取"企业＋技术＋农户"的方式即瑞和农牧专业合作社与农牧户作为各自独立的经营者和利益主体，在自愿、平等、互利的前提下签订合同，明确双方的经济关系，设立风险保障基金等，形成"风险公担，利益均沾"的利益共同体，以保证经营活动趋于稳定协调，增强抗风险的能力。经过几年的不断努力，紧紧围绕"企业＋技术＋农户"的发展模式积极带动周边农牧户脱贫致富，合作社要承担103户扶贫任务，年底为每户发放100元。为周围养殖户免费提供技术服务，帮助养殖户销售肉羊，既调动了农牧户的积极性又增加了农牧户的收入，同时也充分利用了周边地区作为饲料主要来源的玉米和农作物秸秆。

3. 效益分析

（1）**经济效益**　合作社饲养能繁湖羊母羊1 000只，每只母羊按照两年三胎，每胎平均产2只羔羊计算，两年共产6只羔羊，按成活5只羔羊计算，则每年为2.5只羔羊，年可产羔羊2 500只，其中1 250只母羊中，留作后备母羊250只，其中1 000只母羊可以出售，每只按1 200元计，可收入120万元；所产公羊及淘汰母羊约1 200只，按每只1 000元出售，可收入120万元，两项合计共240万元。扣除基础母羊养殖成本100万元（每年需要补喂饲草料的时间为120d，按每天所需精饲料为0.5kg，苜蓿青贮2kg，母羊饲料2.8元/kg，羔羊饲料3.0元/kg，苜蓿2.0元/kg计，工人工资10万左右），可获纯收入140万元。

（2）**社会效益**　合作社利用肉羊改良、肉羊肥育、饲草料加工利用等技术，通过技术培训和技术服务等形式辐射带动周围养殖场（户），不但提高当地养羊的技术水平，而且带动饲料作物种植业、加工业、运输业、屠宰加工业、羊皮（毛）加工制造业等产业链发展，提高了当地的经济水平，解决了农民就业的问题，形成种、养、加的良性循环发展模式，社会效益显著。

（3）**生态效益**　合作社通过种植牧草，放牧养殖，形成了种养结合的生产模式。通过种草养羊能够充分利用农作物秸秆、农副产品，减少资源浪费；羊粪施于农田，增加粮食产量，促进种植业发展，形成一个种植、养畜、肥田的良性循环系统，生产出的畜产品更加安全，不仅实现了土地资源的高效利用，又减少了普通农作物生产中出现的秸秆难以处理的状况，同时又可减少化学肥料的过量施用而导致的土壤板结等不良后果的发生。逐步走向种养结合、农牧结合的良性循环，为无公害安全农副产品的生产提供了坚实的保障，生态效益显著。

4. 模式归纳总结　雁门关地区处于北方农牧交错带，有悠久的养殖业发展历史，近几年农牧专业合作社发展尤为迅速。走"青贮饲料、改建圈舍、以牧为主、种草先行、以草定畜、养殖肉羊、过腹还田"的生态养殖的路子。建立了"企业＋技术＋农户"的产业化经营模式，对于想养羊的农民，合作社可以先为养殖户提供母羊，由合作社为养殖户免费配种和提供技术服务，等养殖户的母羊产下羔羊并获得效益才进行结算。这样既降低了养殖户养羊的风险，提高了农民养羊的积极性，还促进了当地养羊业的发展。

第二节 宁夏地区牛羊牧繁农育关键技术应用案例

一、宁夏银川市壹泰牧业有限公司

(一)企业简介

宁夏壹泰牧业有限公司(简称壹泰牧业)主营肉牛养殖及销售,养殖基地位于宁夏银川市闽宁镇原隆村西侧。公司营业活动属于农育性质。壹泰牧业以肉牛培育、优质肉牛繁育及育肥为发展方向,配置现代化的饲养设备,采用科学合理的管理方式,建成全国高档肉牛养殖基地。截至 2020 年 6 月,壹泰牧业肉牛存栏量已达 5 000 余头,包括安格斯牛、和牛、西门塔尔牛、荷斯坦牛及各类杂交牛等,现已成为宁夏全区较大的肉牛繁殖及育肥基地之一,为当地脱贫攻坚和乡村振兴工作起到重要的推动作用。

(二)企业在养殖过程中存在的问题及其解决办法

1. 企业在肉牛选种选配上存在的问题及其解决办法 2015 年起公司始终坚持以一胎次母牛饲养为主,除自繁杂交后代进行再次杂交配种外,购入各地区土杂牛、西杂牛、新疆杂交牛及草原牛等。购入的各类杂交牛进场调理后,使用红安格斯牛、黑安格斯牛冻精进行冷配处理,生产出的后代为红色则与黑安格斯牛再次杂交,后代为黑色也与红安格斯牛再次杂交,杂交后代整体生长性能极佳。近年来在选配期间主要存在以下问题:

(1) **选配牛的标准欠缺** 公司母牛均为青年母牛,牛源为自繁的优质杂交牛及外购的土杂牛和土杂牛后代,因为生产模式的不同,以及品种及其他因素,导致现有标准对牛的准确配种时间、配种体况的把控存在欠缺。

解决办法:在牧繁农育项目专家组的指导下,企业积极开展肉用繁殖母牛扩群增量技术示范推广,根据生产实践总结了一套牛适配标准:以圈舍为单位,14 个月为标准适配年龄,以 1.2m 体高、350kg 体重为适配体况,全部符合的牛发情当天进行配种。若体高及体重的数值下浮 10%,发情频次较高,也可以进行配种,浮动再大则进行留圈后观察。若参配牛月龄大于 16 个月但未达到适配体况,可进行配种处理。

(2) **肉牛场母牛发情检测不及时** 肉牛场相比奶牛场在发情检测上存在一定差距:①奶牛场多数为经产牛,大型奶牛场均使用发情检测系统来智能化辅助,而肉牛场因设备成本问题,多数发情检测以人工为主;②奶牛场因核心产能在产奶,所以对于繁殖工作,每人负责的牛数较少,相比肉牛场可以更及时地发现发情问题。

解决办法:目前,在生产中主要依靠人工技术,在牧繁农育项目专家组的指导下,对操作方式进行调整,明确划分出待配牛与妊娠牛圈舍,部分已配未检牛可在待配牛圈舍,缩小观察圈舍,使人员在观察发情上更有目的性。同时对肉牛场的繁育人员添加夜班岗位,增加发情记录频率,保证母牛在情期内配种。

（3）缺少肉牛杂交性能的明确数据　公司自使用头胎母牛肥育模式后，养殖基本是各类杂交牛，在杂交性能体现上一直未有明确数据支撑，无法确定与非杂交牛相比是否存在优势，以及哪种一代杂交牛的最终体重生长及肉质更优。

解决办法：在牧繁农育项目专家组的指导下，企业记录45头杂交后代。记录数据最终以体重、出肉率为标准，整体数据明显反映参配黑安格斯的牛普遍体重增重最优，其次为西门塔尔牛配红安格斯牛，再次为红安格斯牛配红安格斯牛。但黑安格斯牛的脂肪含量过高，最终确定西门塔尔牛配红安格斯牛的杂交后代生产性能最优，即公司现有杂交顺序为：所有新进牛（含西门塔尔牛及黑安格斯牛）配红安格斯牛，后代为红色则配黑安格斯牛，后代为黑色则配红安格斯牛。

2. 企业在肉牛饲草料使用上存在的问题及其解决办法

（1）粉碎玉米的消化率较低　2017年以前，壹泰牧业一直使用粉碎作为玉米的加工处理方式，但在粪便中可以经常观察到存在很多未被吸收的玉米小颗粒，而玉米在精饲料中占比又很高，所以解决玉米的吸收率是壹泰牧业一直关注的问题。

解决办法：随着压片玉米的广泛上市，公司开始使用压片玉米，专门采集意大利进口设备，自行加工调制蒸汽压片玉米，自行压制的压片玉米其容重及糊化度均优于市场销售的压片玉米。压片玉米的替代使用，很好地解决了玉米整体消化吸收率低的问题，粪便中再无肉眼可见的玉米颗粒，显著地提升了玉米转化率。

（2）青贮质量不佳　青贮质量的优劣在生产中很重要，在2015年公司压制青贮为普通铡草机进行切割，2016—2017年开始收购大型收割机所收割的全株玉米，但收割机为国产机型，籽粒破碎情况整体不理想。

解决办法：在牧繁农育项目专家组的指导下，企业示范推广全株玉米青贮肉牛饲用化关键技术，在生产经营过程中不断摸索前进。2018年起青贮收割要求必须为进口收割机进行收割，同时严格控制根部留茬问题（留茬15cm以上）与籽粒破碎问题。2019年开始添加青贮防腐剂保证青贮质量，并且通过改进全株玉米青贮收贮技术，青贮质量得到明显提升。

（3）甜菜类饲料应用不足　奶牛日补10～15kg饲用甜菜，产奶量可提高10%～30%，平均可提高15%左右。但甜菜类饲料在肉牛养殖中的应用不足。

解决办法：2019年肉牛饲用甜菜类饲料，育肥效果明显，但因当地无糖厂，同时与西北、华北等地相比，饲用甜菜类饲料的发展相对滞后，供应不稳定。壹泰牧业使用糖蜜饲喂肉牛。糖蜜富含糖类、蛋白质，可为反刍动物提供能源、维生素等物质；糖蜜具有香甜味，适口性强，能刺激牛采食，同时也可降低饲料粉尘。日粮中添加糖蜜需要一段过渡期，过渡期后饲养效用极佳，但因含糖量较高，每天每头牛添加量不超过0.3kg。

3. 企业在肉牛日常管理中存在的问题及其解决办法　肉牛养殖生产过程中管理环节很重要，包括对人员的管理及牛群的管理，均会对企业效益产生影响，近年来企业在日常管理中存在的主要问题如下：

（1）管理人员权力分配不合理　企业在2018年前实行场长制，由场长负责整体生产管理及人事任用，场长对董事长负责，但实行中出现管理人员权力过于集中，场长权力过大，导致工作中出现很多瞒报问题。

解决办法：2018 年后实行场区负责制，设副场长岗位，繁育工作设主管岗位，统一对董事长负责，同时各场区按时报送数据至办公室，由办公室进行生产监管，由原来辅助生产变为监管生产，改变后的管理人员结构极大地促进了生产团队的配合及集体竞争性。

（2）牛群分类不合理　原有牛群分类较为简单，只以公牛、母牛、青年母牛、犊牛、妊娠牛、肥育牛进行分类，同时部分圈舍进行混合饲养，但由于牛群整体饲养没有细化，导致部分养殖效益流失。

解决办法：各阶段母牛、公牛断奶后即分开饲养。调整后的分类是：犊牛（哺乳犊牛 0～3 月龄、断奶犊牛 4～6 月龄）、青年牛（犊牛生长至 16 月龄以后）、育肥牛（16～18 月龄开始进入育肥阶段），各阶段牛群均饲养在不同圈舍内。

（3）新进牛的管理不合理　由于运输管理及各类疾病防控措施不足，使新进牛成活率只有 95%，新进牛的管理存在很大漏洞。

解决办法：①新进牛到场之前，对隔离圈舍彻底清理、晾晒、消毒，对水槽、料槽、采食通道进行清理并消毒；新进牛运输车辆到场后需要仔细消毒后方可入场卸车；新进牛下车后赶进防疫通道注射疫苗，佩戴耳标（耳号区分公母，标明购进日期），做好防疫记录。②新进牛按批次、分公母放入各圈舍，提前放水放料；水中添加电解多维、补液盐，连续添加 3d；新进青年母牛、架子牛日粮按照每头饲喂精饲料 1kg、苜蓿 2kg、稻草 2kg，饮水中添加益康 XP200g；饲喂 3d 后调整日粮配方为精饲料 2.5kg，青贮 3.5kg，苜蓿 2kg，稻草 1kg，水 1.5kg，益康 XP100g，伊品干酵母 200g；换料第一天按照 30%、40%、30% 头份过渡，然后根据采食情况按头份调整。③新进牛到场 7d 后分群，按体况大小分群、公母分群，犊牛、体弱牛单独饲喂，特殊护理；新进牛共同注射口蹄疫疫苗及牟乐优。第 15 天对新进牛进行体内、体外驱虫，体内驱虫按体重皮下注射，第二次驱虫间隔 20d 后进行；体外驱虫时，体表喷淋要求完全浸透。新进牛进场 20d 后注射炭疽疫苗；发病牛，需进行隔离治疗，并记录牛号，待完全治愈后补打疫苗方可合群。

（4）育肥牛称重数据不足　体重的增长数据是确定育肥牛长势的核心标准，以前只对某批次的牛进行称重记录，记录牛数有限，使最终形成的数据在实际应用分析中有一定局限性。

解决办法：2019 年开始更改称重记录方式。对新进牛及新生牛进行称重，记录数据。犊牛断奶后再次进行称重，记录数据。犊牛 6 月龄时转入育成牛舍再进行一次称重，记录数据；12 月龄的育肥公牛在进入育肥圈舍前须进行称重，记录数据；所有出栏牛须进行数据记录；选定 100 头断奶犊牛进行每月称重记录，记录增重数据；选定 100 头 12 月龄育肥公牛进行每月称重记录；每月进行称重数据分析。

（5）需要制订优质犊牛培育计划　经牧繁农育项目专家组指导，企业积极开展犊牛培育关键技术示范推广，为初生犊牛及足月犊牛设计精细化高质量培育技术，要求生产严格按照流程进行犊牛培育，做到早吃初乳、早期断奶、及早开食，合理制定和实施犊牛培育计划。

4. 企业在畜舍设计建造方面存在的问题及其解决办法

（1）犊牛圈舍的实用性差　企业在 2018 年以前一直将犊牛与母牛一起饲养，收集部分母牛不管的犊牛集中饲养，但饲养效果并不明显。企业在 2018 年建设可移动拆卸形犊牛岛，并进行精细化管理，但这导致冬季保温存在一定问题。

解决办法：2019 年壹泰牧业着力提升犊牛养殖水平，按照牧繁农育项目专家组建议建造新型犊牛圈舍。该圈舍夏季通风性强，冬季在圈舍增加保温帘，加强保暖，圈舍改进后犊牛成活率有显著提升（图 2-8）。

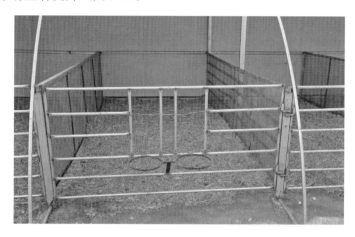

图 2-8　改造提升后的犊牛圈舍

（2）育肥圈舍的实用性差　由于育肥牛中存在母牛带犊育肥的情况，所以育肥牛方面最初使用的是大圈舍，公牛与母牛圈舍环境相同，牛爬跨问题始终不能得到改善，同时肉牛育肥效果不明显。

解决办法：改造 40 个 10～15 头的育肥小圈舍。在主体结构不变的情况下把一个大圈舍改为 5 个小圈舍，改造后的小圈舍育肥效果明显比大圈舍理想。圈舍整体实用性更强，牛增重速度也更快。

（3）繁育圈舍的利用度低　公司将繁殖牛群主要分为参配牛、妊娠牛、围产牛，均在装颈枷的圈舍内饲喂，部分围产成年牛及妊娠牛在上颈枷的过程中会发生应激，造成牛角损伤。

解决办法：进行改圈或新建围产圈舍。拆卸部分颈枷圈，用以安置大胎妊娠牛，保证牛在体型增大的情况下不受到颈枷影响，其他圈舍安置参配牛及小胎妊娠牛，达到合理化分配能繁母牛。新建围产圈舍，圈舍顶棚拆除，保证通风，食槽上部用铁丝替代钢管，低成本的同时保证围产牛采食不受任何影响。或将圈舍中原有颈枷拆除，新进牛进行大圈养殖，达到 12 月龄转圈进行颈枷训练，对始终不上颈枷的牛集中安置在一个围产圈舍。

（4）没有设计排水沟　2017 年前公司圈舍均无排水设计，导致雨天圈舍积水严重，尤其在暴雨天气，严重影响正常生产。

解决办法：对圈舍内外进行排水沟改造，排水沟直通排污管道，很大程度地减少了圈舍积水情况，并可减少人工劳动，因此在建场之初需要全面规划圈舍及场区排水设施。

5. 企业在肉牛辅助设施设备使用上存在的问题及其解决办法　辅助设施方面有运动场、饲料库、青贮窖、地磅、装卸台、堆粪场、排水沟、水槽及食槽；辅助设备方面有保定设备、防疫通道、各类生产饲养设备。近年来企业在辅助设施设备使用上主要存在以下问题：

（1）水槽的保温防冻存在问题　因宁夏冬季平均温度在 $-17 \sim -12℃$，水槽内的水及水管极易冰冻，每天均须人工破冰，导致不能保证牛冬季的饮水水温。

解决办法：对全部水槽进行改造，最初使用加热棒进行加热，但加热效果不明显，随后进行底部改造，采用人工加煤的方式，保证全天供给温水，夜间关闭供水，保证水管不被冻裂。

（2）装卸台的位置不合理　装卸台离圈舍较远，使育肥牛在装车过程中用时较长，导致牛一直排泄粪尿，使整车牛发生应激，造成较大经济损失。

解决办法：牧繁农育项目专家组建议在育肥圈舍周边建赶牛通道及可移动装卸台，使育肥牛尽快装车，避免赶牛过程中的损耗，极大地保证销售利润。

（3）采食槽设计不合理　采食槽的设计极为重要，企业最初设计食槽时，在食槽连接路面的部分铺设垫砖，以避免杂物进入食槽，但这种设计无法适应扫料机的工作。

解决办法：牧繁农育项目专家组建议此后新建的圈舍均取消垫砖，使路面与食槽平行，以后逐渐使用机械扫料机。

（4）未设计保定通道　初期设计圈舍时未设计保定通道和防疫通道，给疫苗注射工作带来不便。

解决办法：在每个圈舍内增加保定通道，在整体场区增加防疫通道，可明显提高工作效率。

（5）饲料库粉尘过多　饲料在粉碎过程中会产生较多的粉尘，一方面环保不达标，另一方面影响工作人员健康。

解决办法：牧繁农育项目专家组建议改进饲料库环境。2020年饲料库新增布袋除尘器，可有效解决粉尘过多问题。

（三）企业经营现状

1. 企业经营过程中遇到的问题及其解决思路

宁夏近几年因基础母牛及架子牛牛源不足，牛价虚高。企业已建立一套"走出去"机制，从新疆等地购买架子牛与繁殖母牛，降低牛源成本；同时与本地养殖户结成以企业为主的养殖联合体，统一采购架子牛和原料，为养殖户提供技术服务和机械设备，引进融资机制，为养殖户提供银行担保，保证养殖户的利益。

为延长产业链和肉牛生产附加值，企业在银川地区形成连锁餐饮和冷鲜肉销售网络。同时采用先进的屠宰及冷鲜肉排酸技术，逐步建立冷鲜肉品牌。但肉牛饲养技术和新产品应用相对滞后，尤其在肉牛精准营养和饲草料节本增效方面，仍有待进一步提升。依托牧繁农育项目，今后需要在肉牛饲养技术及新产品应用方面加大投入。

2. 企业与带动农牧户之间的利益链接机制工作情况　公司牵头成立"永宁县闽宁镇肉牛联合会"（即永宁县肉牛联合体），以宁夏壹泰牧业为主体将永宁县区内规模养殖场

（户）、种植企业（合作社、户）、屠宰、加工等企业和农牧户纳入联合体，联合体对联合会内会员提供技术、资源、信息、渠道等扶持，坚持种养结合、产业结合，以多元素发展为路径，以肉牛业为核心，打造县域优质肉牛一二三产业共同发展。

通过联合体的实施，实现县域优质肉牛产业融合发展，总体水平明显提升，产业链条完整、功能多样、业态丰富、利益联结紧密。联合体坚持"政府主导、政策驱动、龙头企业带动、市场运作"的原则，把企业与农户联动起来，以大帮小，共同发展，拓展以肉牛养殖业为核心的一二三产业，创新肉牛产业发展的新型模式。通过订单生产、贷款担保、肉牛托管、产供销对接等多种方式，建立有效的企农利联结机制，实现生产、加工、销售、品牌培育环节的有机结合，增加农业附加价值。积极发展"互联网＋"，促进肉牛生产、加工、销售、管理智能化水平。

通过联合体公司与闽宁镇肉牛养殖户建立以企业为主体的帮扶机制。定期对当地养殖户进行技术服务，以现场实操为主，为养殖户解决实际问题。定期举办肉牛养殖技术培训班，邀请宁夏大学教授及一线专家为养殖户进行培训。公司通过"永宁县肉牛联合体"为农业专业合作社与种植农户签订生产订单，进行约定种植。统一种植品种要求、质量要求、种植规范，以合作协议的方式带动周边养殖户（图2-9）。

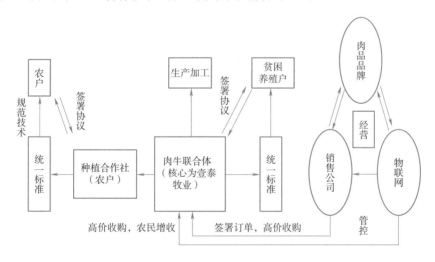

图 2-9　经营模式示意

公司扶贫机制方面设置了肉牛托管扶贫项目（图2-10），由贫困户＋政府＋企业合资购入肉牛，其中政府出资 2 000 元，贫困户领取"双到"资金 2 000 元，企业贷款政府贴息 4 000 元，贫困户可将购入的牛及自己已有的牛托管给企业。托管前，企业对牛进行检疫，达到标准的牛方可进入托管场地进行饲养。企业为托管牛免疫，并提供相应的饲养管理措施。托管牛在屠宰后按照牛肉等级进行收购，扣除各项企业费用后，将盈利部分返还养殖户。自有牛的收益以市场价格随行就市，扶贫托管的牛每头牛每年固定收益 2 000 元，切实带动当地养殖户增产增收。

为增加养殖效益，规范屠宰加工，杜绝发生私屠滥宰现象，联合体组织周边养殖户在联合体内的屠宰厂进行屠宰；屠宰后的肉品可由销售点进行协议收购，保障农户利益。

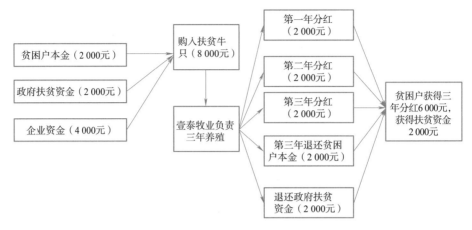

图 2-10　扶贫模式示意

3. 效益分析

（1）**经济效益**　公司经过近几年的良好运营，年销售商品肉牛均在 5 000 余头，年产值过亿元，同时带动周边农户发展养殖业和种植业，种植农户年增收 2 000 余万元，周边养殖农户饲养肉牛 3 000 余头，通过养殖肉牛年增收 4 000 万元以上，为农民增产增收及乡村振兴建设做出了突出贡献。

公司经营以低价购入新疆青年母牛为主，饲养 14.5 个月。购入的青年母牛为 9 月龄、体重约 240kg，饲养周期分别为 9～12 月龄、13～20 月龄、21～25 月龄、26～27.5 月龄，最终每 100 头牛产出成活犊牛 90 头，母牛销售体重平均达到 530kg。自购买母牛起，产出公牛后 32.5 个月利润率为 57.1%，平均每头母牛综合年利润率为 21.08%。

（2）**社会效益**　公司作为牧繁农育项目实施单位，近几年大力帮扶闽宁镇贫困户，社会效益显著。公司通过肉牛扶贫托管，已完成闽宁镇及周边移民建档立卡户 1 537 户、304 户残疾人家庭、76 户精准扶贫户，共托管牛 2 886 头，贫困户每户入园托管 2 头肉牛，托管经营期限为 3 年。截至 2017 年，1 537 户建档立卡户在公司的扶持下已全部完成脱贫。公司每年解决闽宁镇种植加养殖固定用工 150 人，带动临时用工 300 人，劳务人员人均年增收 22 000 元。通过饲草扶贫养殖基地每年面向周边农户收购 35 000 万 t 青贮玉米、8 000t 优质稻草、5 000t 优质苜蓿，带动周边农户新增收入 2 000 余万元，加快了社会主义新农村建设的步伐。

（3）**生态效益**　公司年无害化处理畜禽养殖废弃物 6.0 万 t，年向社会提供沼液肥 1.2 万 t，有机肥 2.5 万 t，当地化肥用量减少 9.5%，利用率提高 15%。农药平均使用量减少 25%，有机肥平均施用量增加 13.2%。年转化当地玉米秸秆 4 万 t，畜禽养殖资源化利用率达到 95%，地方种植作物秸秆综合利用率达到 95%。闽宁镇大田作物生产农产品品质大幅提高，农业产品实现增值达 10% 以上，项目实施区域农民人均纯收入增长率达 15%。公司构建起资源节约、生产清洁、废物循环利用、产品安全优质的生态循环农业发展路径，推动当地环境保护工作的同时，也推进了生态循环农业的发展。

4. 模式归纳总结　公司以肉牛养殖为依托，逐步拓展上下游产业发展空间，实现养殖业产业链延伸，将资本、技术及资源等要素进行集约化配置，使农业生产、肉牛养殖、肉食品加工、生物有机肥生产、生物饲料研发、互联网＋全国生鲜实体销售布局有机地整合在一起，最终实现一二三产业联结发展模式。标准化、机械化、智慧化、效益化成为企业生产养殖的核心元素。

二、宁夏灵武市迅驰农牧有限公司

（一）企业简介

迅驰农牧有限公司（简称迅驰农牧），是一家集犊牛育成、规模化育肥、精补料加工、兽医防疫、肉牛产业技术服务等项目于一体的综合性集团化公司。公司在宁夏灵武市郝家桥镇泾灵新村流转 604 户村民的养殖棚区，专业进行奶公犊培育，属于典型的农区育犊生产模式。公司采用全自动恒温犊牛喂奶搅拌车哺育犊牛，引进新西兰防犊牛腹泻技术、肺炎治疗药物及集团自主研发的各种高性价比常规药物，有效地提高了犊牛成活率和奶公犊培育水平；采用 TMR 技术科学合理地制定营养均衡的架子牛日粮，有效地提高了架子牛的生产水平。采用加拿大、新西兰等国家先进的养殖管理技术，长期存栏 3 000 头优质奶公犊，年出栏架子牛可达 10 000 头以上。

（二）企业在养殖过程中存在的问题及其解决办法

1. 企业在肉牛选种选配上存在的问题及其解决办法 目前公司主营业务为奶公犊培育，在牧繁农育项目专家组的指导下，公司大力开展犊牛培育关键技术示范与推广，合理制定和实施不同阶段犊牛培育计划；然而在选择犊牛时，仍存在牛源不稳定、初乳灌服不够、运输应激等影响犊牛到场后健康的问题。具体如下：

（1）牛源不稳定 目前公司的牛源主要来自各大奶牛企业，且均是通过招标才能建立合作关系。所以，在不同时期从各个奶牛企业购买的犊牛，存在时间差和数量的不稳定性，导致公司的生产节律容易出现混乱。

解决办法：牧繁农育项目专家组根据公司自身生产节奏和存栏情况，建议在采购犊牛的时候与奶牛企业签署合同，并在合同上标注每个月供应的最少奶公犊数量，以便更好地制订企业的生产计划和销售计划。

（2）初乳灌服不够 公司为了节约成本，在犊牛出生后不会给犊牛灌服初乳或者灌服数量不够。

解决办法：正常情况下，犊牛出生 2h 后须灌服 4L 初乳，间隔 4h 再灌服 2L 初乳。初乳灌服不够或者不灌服，将直接决定犊牛养殖的成活率。灌服初乳的犊牛比未灌服初乳的犊牛成活率高 70％，所以这是决定犊牛培育成功的根本。一方面，迅驰农牧在和奶牛企业签署的合同中规定，必须灌服足够量初乳；另一方面，在犊牛出场前须对每头犊牛进行抗体检测，若抗体指标低于 5.5，则有权拒绝接收。通过两方面的努力，为后期奶公犊的成活率提供了保障。

（3）运输应激 运输应激对奶公犊的健康带来极大的挑战，特别是长距离运输，很容易导致犊牛脱水或者挤压死亡。

　　解决办法：在牧繁农育项目专家组的指导下，开展肉牛运输管理关键技术示范推广。针对短途运输，保证犊牛在灌服初乳后，尽快到达迅驰农牧养殖场；对于长距离运输，犊牛出场后首先到达犊牛中转站，并在中转站进行短期饲喂，在筹足一定数量后，集中送至终端犊牛养殖场（宁夏灵武市）。在运输车辆上，目前采用双层货车，犊牛以卧姿运输，以尽量降低犊牛在运输过程中的颠簸。未来，企业会考虑采用空调车，可以调控车厢温度，在冬季和夏季运输时，降低温度对犊牛的影响。同时，在犊牛到场后，首先灌服电解质溶液来补充体液，防止犊牛因运输脱水导致的代谢综合征，甚至死亡。

　　2. 企业在肉牛饲草料使用上存在的问题及其解决办法　目前，迅驰农牧主要采用的是进口代乳粉、商业化犊牛颗粒料及断奶后自配精饲料。在整个饲养周期中，企业所选用的粗饲料主要为采购的优质燕麦草和普通稻草。存在的具体问题如下：

　　（1）代乳粉主要用于哺乳阶段，即0～75日龄，其中的蛋白质对犊牛的生长起到关键性的作用。牧繁农育专家组协助企业在筛选代乳品过程中做了大量的调查工作，发现代乳粉品质很难做到均一和稳定，这在很大程度上会导致犊牛出现腹泻。

　　解决办法：在代乳粉的选择上，迅驰农牧目前基本选用荷兰进口代乳粉，在保证营养需求的前提下，更注重代乳粉品质的稳定性和一致性。商业化犊牛颗粒料主要在哺乳阶段使用，这是为了促进瘤胃的发育和微生物菌群的定植，同时也是为了后期犊牛能够提前断奶。

　　（2）一般商业化颗粒料在营养上基本大同小异，主要是颗粒料的物理形态会影响犊牛的生长。颗粒料太软则容易出现粉尘，导致犊牛采食量较低，同时容易造成犊牛吸入性肺炎；颗粒料太硬，犊牛适口性差，采食量得不到增长，从而影响犊牛的生长发育。断奶后犊牛自配精饲料的原料组成主要是玉米、豆粕、DDGS、麦麸和预混料，与粗饲料混合制成TMR后饲喂。企业自配料主要在夏季使用，但如果牛存栏少或者生产计划失误，容易造成原料堆放时间过久，从而导致原料受到污染而造成损耗。

　　解决办法：牧繁农育项目专家组建议企业应重视原料储存，合理安排生产和销售，制定切实方案，保证在饲料质量安全期内将原料使用完毕。

　　（3）目前企业主要使用的粗饲料是优质干草，主要以从宁夏及甘肃购买的优质燕麦草为主，架子牛日粮中的粗饲料则以稻草为主。燕麦草多数为大草捆，每捆草重量在300～400kg。犊牛在哺乳第3周左右开始，添加饲喂燕麦草，与颗粒料混合在一起饲喂，添加比例在10%左右，进行犊牛的诱食。断奶后与自配精饲料混合以TMR形式饲喂，精粗比在6∶4左右，一直饲喂到犊牛6月龄，体重达到200kg左右。目前，粗饲料使用过程中主要存在的问题是草捆大且灰分含量过高，粉碎加工不方便。同时，粉碎过程中有大量扬尘，粉尘与草料混合添加会严重影响犊牛采食量，也容易造成犊牛吸入性肺炎。

　　解决办法：企业目前在探索使用新型粉碎机，降低粉碎原料的灰分含量，保证加工后的草料干净无污染。

　　3. 企业在肉牛日常管理中存在的问题及其解决办法　犊牛养殖中很多配套设备不完善，今后在犊牛培育实施设备研发方面亟待进一步的加强。

　　解决办法：对于当前这种情况，短期内只能采用人工养殖。牧繁农育专家组将犊牛饲养分成若干小组，每500头为一个小组，每个小组配备2名技术人员和3名饲养人员。

技术人员负责犊牛的疾病防控和饲养管理，饲养人员负责每头犊牛的颗粒料和代乳粉的饲喂。

4. 企业在肉牛圈舍设计建造方面存在的问题及其解决办法　环境变化对犊牛健康有很大影响。北方由于冬季气温低、春季风大、夏季气温高，环境多变，传统的犊牛岛很难对犊牛起到保护作用。

解决方法：在犊牛圈舍建造上，应主要考虑温度和通风。根据宁夏地区的特殊气候环境和犊牛本身情况，牧繁农育项目专家组建议企业建设具有遮阳、挡风、保温功能的犊牛圈舍。圈舍建设要求以大棚为基础，大棚内修建独立的犊牛岛（图 2-11），每个犊牛岛大小为 1.2m×3m。夏季大棚上搭建遮阳网，周边可以拆除，保证通风。冬季将大棚周边重新安装，保证圈舍内不漏风。

图 2-11　大棚犊牛岛

5. 企业在肉牛辅助设施设备使用上存在的问题及其解决办法　牧繁农育项目专家组调研发现，目前企业还没有配备先进的称重设备，无法做到随时随地对犊牛进行称重，用于评定其生产性能；同时在疫苗注射过程中，牛的保定设备也不健全。

解决办法：牧繁农育项目专家组建议企业积极与国外犊牛养殖设备公司沟通，尽快将犊牛称重设备和保定设备落实，以提高犊牛生产过程中原始数据的积累，为今后调整生产管理方案奠定良好的基础。

（三）企业经营现状

1. 企业经营过程中遇到的问题及其解决思路　奶公犊作为肉牛牛源已成为主要趋势，但因为缺乏相应技术，造成奶公犊死亡率高，有时甚至高达 30%，使饲养成本高居不下。当前制约企业奶公犊存活率的主要瓶颈：①国外牧场规定新产犊牛 7d 内不能出场，产后护理如果不到位，很容易造成犊牛疾病的发生，导致高死亡率；②很多兽医精通成年牛的疾病治疗，但是对犊牛疾病的治疗缺少经验，所以应该培养一批精通犊牛疾病治疗的兽医；③对于犊牛还没有一套适合的饲养标准，这是犊牛管理的一大痛点，应该在饲养中摸索出适合犊牛的饲养管理体系。

2. 企业与带动农牧户之间的利益链接机制工作情况　迅驰农牧以专业奶公犊培育为

主要业务，通过科学、高效、健康养殖，形成了自己独有的运营模式。"大型奶牛场牛源＋公司科学育犊＋销售架子牛＋服务育肥"模式和"托管"模式相结合，形成了迅驰农牧独有的运营模式（图2-12）。

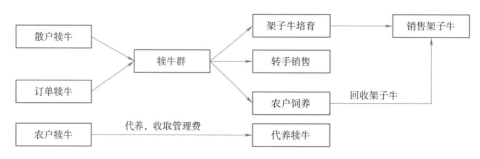

图2-12　"托管＋架子牛培育"模式

图2-12所示模式是在企业发展架子牛养殖的基础上，引入肉牛"托管"经营模式。从实际效果看，企业与农户实现了生产上的联动、资源上的联合、利益上的联结，是一种互惠共生的农企合作对接模式。

架子牛作为专业育肥场的主要育肥对象，稳定架子牛供应是保障肉牛育肥行业发展的关键。现阶段，国内架子牛供应多以散养户分散繁殖和饲养为主，规模化架子牛培育场非常少见。散户饲养由于在饲养方式、疾病防控、管理技术方面欠缺统一规范，导致市场上的架子牛品质参差不齐，"病、弱、小"直接影响肉牛后期育肥效果。规模化养殖企业一般拥有完善的饲养管理体系，采用一体化、标准化饲养管理技术，能够较好地保障出栏架子牛的质量和品质。从集中型托管看，农户的肉牛可以直接并入企业牛群，采用企业标准化养殖技术，降低农户的养殖生产风险，保障架子牛出栏质量；从分散型托管看，企业与农户双方签订养殖合同，由企业组织专业的养殖技术培训，并提供必要的指导服务，农户仅需要按标准养殖，并依照合同将架子牛回收给企业，既实现了养殖技术的规范化推广，又充分利用了农户养殖的灵活性，能向市场提供更多更好的架子牛。

架子牛培育与托管相结合能够整合双方资源，显著提高企业与农户的经济效益。对于企业，集中型托管可以充分利用其厂房圈舍，降低固定资产闲置率，获得托管费用（或利益分红）；分散型托管能够在标准化养殖基础上节约人工支出和充分发挥农户精细化养殖优势，使肉牛体况能够获得额外加成收益。对于农户，集中型托管，可以利用企业的标准养殖技术、设施设备和统一的疾病防控服务，降低肉牛患病、死亡等损失，同时农户可以充分利用闲余时间参与其他行业，提高家庭总收入；通过集中型托管，农户可以利用较少的启动资金进入肉牛养殖行业，并且获得专业的养殖服务，对于贫困农户更是脱贫致富的优选之一。

3. 效益分析

（1）**经济效益**　农户按一头200kg架子牛以10 000元购入，每天的饲料投入为精饲料3kg、干草秸秆5kg，精饲料成本为3 000元/t，干草秸秆为自家种植。每天的饲料投入成本为9元，其他投入按每天2元/头计算，每天总计投入11元/头，按架子牛日增重为1kg计算，饲养到400kg，需要200d时间，总计饲养成本为11元/头×200d＝2 200元。

企业按市场价 36 元/kg 收购农户的牛，收购金额为 14 400 元，农户效益为 14 400－10 000－2 200＝2 200（元）。如果农户养殖 10 头架子牛，每年养殖 1.5 批，每年的效益为 33 000 元。企业利用 400kg 的架子牛进行育肥，每天饲喂精饲料 5kg、干草 2kg、青贮 6kg，精饲料 2 600 元/t、干草 600 元/t、青贮 450 元/t，每天饲喂成本为 17 元/头，人工水电场地等费用为每天 4 元/头，每天成本为 21 元/头，日增重 1.3kg，出栏体重 600kg，总计饲养天数为 154d，总饲养成本为 3 234 元。架子牛出栏按 34 元/kg 出售，售价为 20 400 元，养殖效益为 20 400－14 400－3 234＝2 766（元/头），养殖 1 000 头，企业有 2 766 000 元收益，每年养殖 2 批，收益可达 553.2 万元。

（2）社会效益　产业扶贫是宁夏地区打赢脱贫攻坚战的重要措施之一，"托管＋架子牛培育"模式能够实现产业兴旺与带动扶贫的良好统一。通过集中型托管，企业扩大了牛群规模、降低了圈舍闲置率，也创造了更多就业岗位，还可以带动农户尤其贫困户就业，使农户增加工资性收入；通过分散型托管，开展专业化养殖技术培训，提高了肉牛标准化养殖覆盖率、农户生产效率和架子牛出栏体况，推动了架子牛培育体系整体提升和快速发展。尤其疫情当前，该种模式因为采用现代企业管理制度，重视生物安全管理的规范化，可以发挥出更明显的优势。

当前，迅驰农牧根据此模式已建成犊牛专用养殖棚区 34 个，断奶牛专用养殖棚区 28 个，并配备了 300 多个初生牛专用的适用于宁夏地区的犊牛岛。给农民支付租金 15.7 万元（每年），雇用 17 位当地村民到园区内上班，带动当地 100 户开启肉牛养殖，2019 年支付直接工资 71.4 万元，带动当地农户收入超过 120 万元，大大增加了农民家庭收入。

（3）生态效益　①在奶公犊养殖中，将田间不可利用的秸秆资源加以利用，减少秸秆焚烧造成的大气污染，同时秸秆的销售也给种植户带来了额外的收入；②奶公犊所产出的粪污全部进行还田，不仅对环境无污染，同时可增加土地的肥力，加大种植物的产量并能保证安全；③传统奶公犊是作为医药血清的来源，抽完血清后的犊牛尸体处理不当会对环境造成一定的污染，而奶公犊的养殖断绝了动物尸体的处理，直接将奶公犊进行养殖育肥后进入餐桌，不仅增加了动物蛋白的来源，同时也对环境有一定的保护作用；④奶公犊的养殖加快了国家"粮改饲"政策的推动，将原有种植的玉米进行青贮处理，对国家的生态改善做出了一定的贡献。

4. 模式归纳总结　以"大型奶牛场牛源＋公司科学育犊＋销售架子牛＋服务育肥"模式为主，农户"托管"模式为辅，企业从接到 3d 内的奶公犊开始，进行为期 6 个月左右的育犊；而托管主要是农户将 6 月龄的奶公犊吊架子到 12 月龄左右。养殖技术要求最高的育犊阶段由企业进行，风险低的阶段由农户进行，最终提高养殖效率，降低养殖风险，增加养殖效益。

三、宁夏红寺堡区天源农牧业科技开发有限公司

（一）企业简介

红寺堡区天源农牧业科技开发有限公司地处宁夏滩羊核心产区——红寺堡区，属于宁夏地区典型的农牧交错带。公司主要从事滩（肉）羊良种繁育、育肥及羊肉加工，是

一家比较典型的牧繁农育科技型企业，占地面积 40hm²。公司自建立以来，始终坚持立足于产业发展，坚持"保（种）、创（新）、开（发）、用（利用）"多措并举的发展思路，致力于滩羊高效养殖技术示范推广、保种选育、供种和关键技术研究应用。公司先后与宁夏中部干旱带滩羊主产区及周边 11 个县（市、区）畜牧技术服务单位、100 多家中小企业及 1 000 多家养殖户建立了良好的技术协作服务网（点），积极开展滩羊本品种选育、羔羊早期断奶、饲草料加工调制、疫病防控等配套技术示范。

（二）企业在养殖过程中存在的问题及其解决办法

1. 企业在肉羊选种选配上存在的问题及其解决办法 滩羊新品系（种）培育和关键技术研发应用滞后，影响滩羊本品种保护与开发利用。滩羊是我区最具特色和发展潜力的特色农业优势产业之一。其突出优势是裘皮优良、肉质细嫩多汁、风味独特、品牌形象好。但其劣势是生产性能低、体重偏小、增重慢、胴体等级较低。与改良后的杂交肉羊相比，滩羊的繁殖率、羔羊初生重、12 月龄活重分别约是杂交肉羊的 51.7%、74.4%、57.3%，综合效益、生产性能是杂交肉羊的 60% 左右，滩羊的生产性能显著低于杂交肉羊。实行封山禁牧后，滩羊饲养方式虽然由传统的以一家一户为主的放牧方式转变为相对集中的舍饲养殖，但由于在品种保护、新品系选（培）育技术研究应用等环节没有形成具有自主知识产权的技术成果为支撑，滩羊生产始终是以数量扩张为主的传统生产方式，制约了后续产业发展。近年来，在裘皮市场逐步被肉用市场取代的趋势下，裘皮与羊肉价格大幅度下降，滩羊生产性能低、生产技术落后、舍饲养殖成本高等问题对产业发展造成的不利影响日益突显。

解决办法：红寺堡区人均可利用土地、饲草料资源等基本生产要素优势较少，利用传统生产技术节本增效的空间更加有限，加快滩羊"多胎型"新品系培（选）育进程，是提高滩羊生产经济效益的"倍增器"，也是解决产业技术瓶颈的根本所在，能够尽快实现滩羊产业由"数量型"向"效益型"转变。同时，通过新品系培育，择优集成、组装示范推广、营养调控、饲养管理、疫病防控等配套技术，可以提高滩羊产业整体生产技术水平，使技术进步成为滩羊产业快速发展的"加速器"。以此加速宁夏滩羊产业现代化改造步伐，尽快实现高质量发展，使其真正成为宁夏资源丰富、地域特点突出、经济效益显著的区域性优势产业，为宁夏地区社会主义新农村建设发挥更大作用。

2. 企业在肉羊饲草料使用上存在的问题及其解决办法 公司在饲草料使用上存在的主要问题是没有固定的饲草料生产基地，大部分原料要依靠购买。同时，部分养殖户在养羊过程中不讲究饲草料的合理搭配和加工调制，始终认为有草就行，甚至认为可以仅靠秸秆加少量精饲料养羊，造成羊出现营养不平衡、代谢紊乱等问题，不但饲草料消耗多，而且也加大了饲养成本。

解决办法：为了降低饲养成本，提高养殖效益，在牧繁农育项目专家组的指导下，公司积极研究、示范推广非常规饲料资源肉羊育肥利用关键技术，加大了滩羊舍饲 TMR 饲料加工与饲喂技术示范，根据繁殖母羊空怀及妊娠前、中、后期不同营养需要，配制全混合日粮（TMR），加强营养调控，结合合理的配种计划（表 2-1），使规模化羊场

80%以上的繁殖母羊实现"两年三产"。同时通过土地流转等形式，建立稳定的饲草料种植基地，扩大优质牧草与地膜玉米（特别是饲料玉米）和复种禾草的比例，加大青贮、黄贮、酶贮、氨化饲草加工利用力度。

表 2-1 繁殖母羊"两年三产"的配种、产羔时间安排参照表

生理期	产羔时间		
	第一胎	第二胎	第三胎
配种	第一年 5—6 月	第一年 11 月至第二年 2 月	第二年 5—9 月
妊娠	第一年 5—10 月	第一年 11 月至第二年 6 月	第二年 5 月至第三年 1 月
哺乳	第一年 9—12 月	第二年 3—7 月	第三年 1—3 月
断奶	第一年 11—12 月	第二年 5—8 月	第三年 1—5 月

3. 企业在肉羊日常管理中存在的问题及其解决办法 目前公司在肉羊日常管理上存在的主要问题是繁殖率低、羔羊育肥出栏周期较长。

解决办法：在牧繁农育项目专家组的指导下，公司加大了肉羊规模化育肥管理体系技术示范推广。一是推行羔羊当年肥育出栏产业化模式。随着养羊生产方式的转变，要实现数量型养羊业向质量效益型转变，必须依靠品种改良以提高肉羊生产性能，并通过改善饲养管理条件，提高实际生产过程中的科技含量。实行当年育成出栏为主要内容的产业化，可以躲避消耗掉膘又不能生长增重的冬季，降低养殖成本，收到三赢的效果：羔羊当年育成出栏，可以提高农民养羊的出栏率、商品率；羔羊当年育成出栏，商品羊在秋季出栏，越冬的只有种羊和母羊，冬季可以有效减轻对草场、圈棚的压力，保护草原生态；羔羊肉容易销售，可以提高企业的经济效益。二是积极推广滩羊本品种选育、滩羊"二年三产"或"三年五产"，以及饲草料合理搭配、分阶段补饲等科学饲养管理技术。通过滩羊基础母羊的选育和种公羊选种选配，滩羊综合生产性能得到提高，使滩羊生产水平在短期内有了明显的提高。目前，公司大群滩羊繁育母羊"两年三产"比例已达到 70%以上，小群繁育母羊"两年三产"比例已达到 90%以上，繁殖成活率 148.2%。裘皮羔羊出栏量和出栏率大幅度提高，滩羊裘皮品质有较大改善，滩羊核心群串子花型裘皮比例 55%以上，一级二毛裘皮比例 10%。全舍饲条件下，12 月龄出栏羊胴体重 22.29kg；裘皮羔羊出栏时间由 60d 缩短到 30～45d，出栏胴体重 13.5kg，增加了 0.9kg；使滩羊裘皮羔羊的平均售价由 100 元左右提高到 200 元以上。

（三）企业经营现状

1. 企业经营过程中遇到的问题及其解决思路 一是科技支撑不足。在日常生产管理的主要环节中，先进、高效、实用技术普及应用率不高，没有形成一整套行之有效的综合技术配套推广体系。二是关键技术研发应用滞后，尤其是滩羊等地方优良品种资源的开发利用严重滞后，缺乏有力的科技支撑。三是标准化、集约化程度不高，机械化程度、技术装备较低，与发展现代化肉羊产业的要求还有一定差距。四是饲草料资源相对紧缺。饲草料生产基地建设滞后，饲用玉米、苜蓿等优质饲草（料）的集约化和专业化生产程度较低，无法满足产业快速发展的需要。

解决思路：一是进一步完善产业扶持政策，加大对技术人员培训、技术创新、技术示范推广等环节的政策扶持力度。尤其是加强滩羊、肉用羊培育两个技术团队的建设，重视科技、注重创新，并建立持久稳定的扶持机制，充分调动和释放科技人员和企业的创造力，尽快实现产业增长方式的转变。二是培育新型经营主体，建立产业联合体，加快规模化、标准化建设。把分散的小规模养殖户组织进来，提升标准化、规模化水平。通过培育新型经营主体，推动实现羊产业装备现代化、科技化、市场化，畜牧业劳动者知识化，使规模化、标准化生产实现质的突破，改善产业生产环境质量，使产业资源高效利用，促进产业增长方式的转变，实现经济、社会和生态环境的和谐与可持续发展。三是实施良种工程。企业要发展，种质须先行。按照整场优化的原则，对企业进行改（扩）建，进一步提高供种质量、增强供种能力。通过加强滩羊本品种选育，抓滩羊提纯复壮，选（培）育"裘肉兼用型"滩羊新品系（种），使"宁夏滩羊"品种更加纯正、性状更加优越、品牌更加突出。四是加强先进实用技术示范推广及关键技术研发应用：一方面扎实示范推广"两年三产"、全混合日粮（TMR）等一批先进、高效、适用技术，尽快提高羊产业生产技术水平，使技术进步成为羊产业快速发展的"加速器"；另一方面组织实施肉羊新品种培育、滩羊"肉用型"新品系选育及低脂高档（优质）滩羊肉生产技术研发等一批针对性强的重大科研与生产项目，加大创新性研究力度，形成一批原创性的科技成果，解决羊产业发展技术瓶颈，为传统产业的发展注入新的活力，使科技创新成为提高羊生产经济效益的"倍增器"。五是强化重大动物疫病防控。大力推进动物疫病可追溯体系、无规定疫病区和生物安全小区建设，强化动物卫生监督，加强兽药、添加剂等投入物的使用监管，提高管理水平。加强饲料和畜产品质量安全检验检测体系建设，配套完善检验手段，建立防控结合、防治结合信息监控系统。

2. 企业与带动农牧户之间的利益链接机制工作情况　为更好地发挥合作社的示范带动作用，公司联合吴忠市红阳养殖专业合作社、吴忠市红寺堡区宏昌养殖专业合作社、红寺堡区鑫河肉羊养殖专业合作社、吴忠市红寺堡区兴财养殖专业合作社等 7 家合作社，带动 400 多户建档立卡贫困户和农户，饲养基础母羊 2.15 万只，并按照"四统一、两标准、一共享"，即"统一回购肥育羊、统一供应饲料、统一提供种公羊、统一疫病防控，管理标准化、产品标准化，以及品牌共享"的运作模式。

（1）运行机制　以公司示范养殖场为基地，以合作社为纽带，与所有参与肉羊养殖的社员签订合作协议，建立利益共同体。

①契约制　主要是针对比较贫困或很贫困，但又想通过养羊增加收入的建档立卡户，合作社与这类社员之间订立提供各种服务、以借贷方式和低于市场价格向其提供种羊等内容的契约，即订立俗话说的"借鸡下蛋"式的契约。合作社与建档立卡户之间的一切活动均按契约行事，合作社按照契约约定，可提取低额佣金。

②合同制　主要是针对具有一定经济能力且已从事养羊的社员，由合作社与社员之间签订生产与技术服务合同。合作社与社员之间的一切经济活动均随行就市，不附加任何条件。

（2）服务内容　优良品种统一供种；人工授精、胚胎移植、技术培训等；产品流通及销售；融资服务。

（3）服务方式　以示范养殖场为核心，建立合作社向社员提供技术服务、集中育肥的平台。以合作社社员为重点，选育、组建肉用基础母羊繁育群，由示范养殖场通过示范推广人工授精、胚胎移植等生物工程技术，对合作社社员饲养的基础母羊进行杂交改良，迅速扩大基础母羊核心群，建立高档肉羊生产基地。在建立服务平台与生产基地的基础上，按照"统一标准、规范管理、山繁川育、集中肥育"的模式，由合作社和社员缔结各种不同供销服务（协作）合同，为社员提供优良品种、肉羊杂交改良等技术的产前服务。合作社根据与社员签订产销合同，定期对社员生产繁育的断奶羔羊评估作价后，集中收到示范场并按照统一标准进行集中肥育，以此提高肉羊的品质与经济效益。待肉羊统一出售后，合作社返还社员应得的全部收入。社员应得的全部收入由两部分构成，即断奶羔羊市场评估价和90％的育肥羊纯收入。

3. 效益分析

（1）经济效益　示范养殖场的繁殖母羊生产性能大幅度提高，90％以上繁殖母羊实现了两年三产，产羔间隔由9～10个月缩短到8个月以内，繁殖成活率由85％提高到90％以上，年繁殖成活羔羊1.4只以上。羔羊断奶时间由90d以上缩短到60～70d，断奶羔羊平均体重达15kg。6月龄体重达到25kg以上，较传统饲养方法，平均提高了10％以上。截至目前，示范养殖场累计育肥出栏1.02万只育肥羊。通过应用全混合日粮、早期断奶、羔羊隔栏补饲等配套技术，示范养殖场每只繁殖母羊日粮成本平均降低0.25元；每只育肥羊日粮成本平均降低0.3元，育肥期（100d）每只羊平均增收50元以上，经济效益显著。出栏高档滩羊（大理石花纹）2 000多只，每1kg羊肉销售价平均高出普通羊肉1倍以上，效益十分显著，为今后滩羊产业升级换代提供了新的技术支持。

（2）社会效益　①农民直接受惠。项目实施公司按照"牧繁农育、分散饲养、集中育肥出栏"的养殖模式，以高出市场价格15％～20％收购养殖场（户）羔羊2 000多只，农民累计直接受惠40多万元，极大地调动了广大养羊户的生产积极性，促进了当地滩羊产业的快速发展。②示范推动作用强，效果显著。通过项目实施，在短期内使养殖户生产技术水平得到提高，滩羊生产性能和经济效益相对较低的现状得到改善，产生了显著的经济效益与社会效益。试验示范结果表明，应用TMR技术养羊的增重效果显著高于传统精、粗饲料分饲技术，主要体现在：TMR技术试验示范组每只羊150d平均增重12.88kg，较传统精、粗饲料分饲对照组提高了32.23％；TMR技术能有效节约饲料成本，减少因挑食而造成的饲料浪费，饲料利用率平均提高2.38％，每只羊平均节约饲料成本2.14％；TMR技术营养供给均衡，羊瘤胃pH和瘤胃消化代谢机能相对稳定，饲料转化效率平均提高了35.24％；TMR技术能有效改善羊场生产环境卫生质量，羊的发病率和死亡率明显低于传统精、粗饲料分饲对照组；TMR技术对提高羊场饲养管理水平、降低羊场劳动生产力成本、提高养羊经济效益效果明显。

（3）生态效益　一是极大地缓解草地生态压力，提高玉米秸秆、柠条等饲草利用率。通过牧繁农育项目实施，将大批断奶羔羊及时转到引黄灌溉区进行舍饲育肥，大大减轻对草地的生态压力。根据测算，如果牧繁农育技术得到全面示范推广，能够使每只羊减少4～7hm²天然草地的放牧，同时利用150kg以上的玉米秸秆等饲草资源。二是提高营养水平，节约饲料成本。通过牧繁农育项目实施，示范推广TMR技术能有效节约饲料

成本，减少羊挑食而造成的饲料浪费，饲料利用率平均提高 2.38%，每只羊平均节约饲料成本 2.14%。三是通过项目实施，示范推广 TMR 等综合配套技术，羊发病率和死亡率明显低于传统精、粗饲料分饲对照组，能有效改善羊场生产环境和卫生质量。

4. 模式归纳总结 企业抓两头，带中间，提高经济效益、促进产业发展。即由企业向农户或合作社等提供良种、新技术，并回收羔羊进行集中育肥、加工销售，基础母羊饲养由农户完成。这样既解决了企业无法实现的农户规模养殖生产问题，又解决了农户缺乏种羊和技术的实际困难，可提高经济效益，有利于促进养羊产业实现高质量、规模化发展。

第三节　青海地区牛羊牧繁农育关键技术应用案例

一、青海海晏县金银滩牛羊标准化养殖示范牧场有限公司

（一）企业简介

海晏县金银滩牛羊标准化养殖示范牧场有限公司位于海晏县哈勒景乡永丰村，占地 13hm²，建有牛、羊圈舍 48 幢，面积 93 330m²，是集养殖、育肥、科研为一体的大型综合性养殖场，属于农育性质。公司采用以"燕麦草种植—青、干燕麦草饲喂牦牛—精饲料配方调整补饲—牦牛短期高效育肥—牦牛屠宰—牦牛肉分割销售—餐饮"为一体的农育经营模式。公司将周边农牧民放养的牦牛收购后，进行集中补饲育肥，补饲原料皆来自农牧民种植的青燕麦草、玉米等，无污染、无农药残留和激素，科学调制，全面提高营养，从源头加强了饲料安全管理，保证了牦牛肉质量。公司通过示范、推广牦牛舍饲养殖技术、"三贮一化"饲草料调制技术、全混合日粮饲喂技术等，降低了养殖成本，提高了养殖效益。

（二）企业在养殖过程中存在的问题及其解决办法

1. 企业在肉牛饲草料使用上存在的问题及其解决办法

（1）青贮水分高、品质差　青贮收获时雨水较多，造成青贮含水量高，发酵后丁酸含量较高，青贮品质下降，干物质含量低；青贮保存过程中霉变损失较大，每年在青贮期间造成经济损失，直接增加养殖成本。

解决办法：青贮前要清理青贮设备（青贮窖、池等），将污物清除干净，适时收割青贮原料，优质的青贮原料是调制优良青贮饲料的基础，燕麦一般在开花初期收割为宜。收割适时，原料作物不仅产量高、品质好，而且水分含量适宜，青贮易成功。制作青贮时要注意调节青贮原料的含水量，原料一般切成 2～5cm 的长度。装填一要快速，二要压实。一旦开始装填，应尽快装满窖（池），以避免原料在装满和密封之前腐败变质。原料装填完毕，立即密封和覆盖，隔绝空气并防止雨水渗入。取用青贮料时，一定要从青贮池的一端开始，按照一定厚度，自上而下分层取用，要防止泥土的混入，切忌由一处挖洞掏取，每次取料数量以饲喂一天的量为宜。

（2）精饲料使用量较低，育肥周期较长　企业虽然具有 TMR 混合设备，在饲喂方式上具有一定的先进性，但饲料精粗比较低，使得饲料的营养水平总体较低，达不到舍饲育肥的优化目标（图 2-13）。虽然精饲料成本投入较低，但饲养周期较长，同样使经济效益不理想；虽然企业对屠宰加工的肉品质有要求，但合理的营养搭配是保障育肥牦牛的生长需要及满足企业高效生产的基本条件。

图 2-13   粗饲料使用比例较高

解决办法：在牧繁农育项目专家组的指导下，企业积极开展牦牛放牧补饲和育肥关键技术示范推广，将牦牛育肥期分成育肥前期和育肥后期，根据育肥前期和后期牦牛增重的部位和规律的不同，制定科学合理的饲养标准。通过加大精饲料的应用，进行 TMR 能量蛋白水平及最佳配比的优化筛选示范，调整饲草料的总体营养水平，以利于牦牛生长性能的提高、养殖模式的优化升级，提升养殖效益。

2. 企业在肉牛日常管理存在的问题及其解决办法

（1）管理方式不规范   很多养殖人员对管理形式不够重视，未意识到管理会导致养殖质量提升或者降低，缺少管理思想和理念；并且公司以饲养牦牛为主，管理人员从未结合实际情况制定合理化管理对策，因而牦牛的质量也得不到提升。

解决办法：针对公司短期效益不好、职工思想情绪不稳的现状，公司坚持定期组织管理人员学习，积极推进企业文化建设，统一思想认识，树立信心，增强职工的责任感和使命感。通过加强职工思想教育，切实关心解决职工生活困难，增强职工的凝聚力和向心力。公司严格按照国家相关法律法规，积极做好各种动物防疫工作，严格控制牲畜死亡率。在新收购牲畜入场时，及时做好防疫工作，饲养中及时了解牲畜健康状况，从饮食进行调节，合理用药，病死牲畜及时进行无害化处理。面对经济下行压力大、市场不景气、消费力下降、进口肉冲击国内市场等诸多不利因素，公司积极了解市场业务动态，捕捉业务信息，积极拓展市场销售，确保实现年度生产经营目标。在落实经营计划进度的同时，公司高度重视安全工作，有效开展安全培训教育工作，增强安全意识，生产严格规范，并不定期地组织安全检查，积极采取有效的措施，从而保障全年无重大安全事故发生。

（2）专业人才缺乏   在养殖过程中，因为缺乏专业技术人员，导致在生产实际中无法判定牦牛日粮粗饲料的干草和青贮的最佳搭配比例，无法确定精饲料加工方式对动物消化吸收率的影响，造成企业损失。

解决办法：牧繁农育项目专家组建议企业抓紧培训技术人员和管理人员，引进或招聘专业技术人员，给予相应的优厚待遇，切实提高科技成果的转化能力和养殖整体技术水平，提高企业养殖效益，带动周边牧民学技术，提高牧民学技术的积极性和主动性。

（3）可视化管理程度低 企业存在管理人员在场和不在场两个管理效果。由于部分人员素质较低，自觉性较差，再加上企业养殖规模较大，管理人员不足，无法随时随地监管生产活动，养殖人员不按照饲养规程进行饲养的现象时有发生，严重制约了企业的安全生产，违规事件频频发生，造成企业损失。

解决办法：牧繁农育项目专家组建议企业加强管理力度，在各关键养殖区域加装摄像头，随时了解养殖动态。在调动员工积极性上采取有效措施，实现制度管人，个人利益同企业利益挂钩。牛羊分群分类要及时细致。通过称重管理，根据牛羊增重及时调整饲料配方和营养供应。

3. 企业在畜舍设计建造方面存在的问题及其解决办法

（1）牛舍标准化与规范化严重滞后 目前养殖场的建筑形式及材料选择多种多样，在新材料、新技术应用方面也较差，企业目前牛舍的标准化与规范化严重滞后，未能形成统一的圈舍标准。

解决办法：牧繁农育项目专家组建议企业以研发适合养殖场使用的、与机械化养殖工艺相配套的、满足青海自然环境和不同阶段牦牛饲养的且造价低的畜舍技术为出发点，进行标准化畜舍的设计与建造。

（2）牛舍设计不合理 牛舍饲喂通道不适合机械送料，如 TMR 技术的使用，牧工送料工作强度大，工作效率低；牛舍的清粪通道不适合机械作业，人工清理粪便工作强度大、环境差、工作效率低；排污系统缺乏，牦牛每天排出的粪尿数量很大，这些污物与污水是造成舍内潮湿和牦牛蹄病的主要因素。

解决办法：为了保证牛场舍饲地面干燥，牧繁农育项目专家组建议应专设场内排水系统，以便及时排除粪污。同时每天清除粪便，加大采光面积，增加运动场面积。饲喂槽设计参考图 2-14。

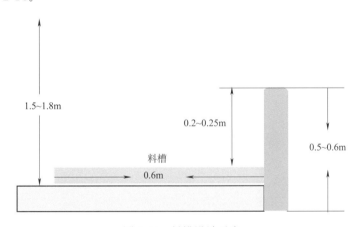

图 2-14 料槽设计示意

（3）饮水设施不完善 无论是舍饲还是放牧饲养牦牛，恒温饮水技术应用较少，冬季饮水温度低，甚至是冰水，易引发牦牛消化不良，诱发消化道疾病。

解决办法：饮水设施主要是为了解决水料同槽及无法自由饮水的问题，这是一项适合舍外散养牦牛饮水的设施设备技术，可以实现牦牛自由饮水，并且不受冬季气温影响，因此有必要进行独立饮水系统及加热饮水系统的推广应用。

4. 企业在肉牛辅助设施设备使用上存在的问题及其解决办法

（1）消毒防疫设施不到位　企业目前仍采用老式消毒设备，消毒效果不好。

解决办法：牧繁农育项目专家组建议企业增加舍内疫病防控设备技术如静电喷雾、压力喷雾设备技术；增设用于检查治疗保健的保定架、牛体刷设备和移动式药浴设备。

（2）机械化养殖设施缺乏　企业目前牦牛饲喂多采用人工饲喂，粪污清理设施缺乏，养殖场多采用人工处理，工作强度大、工作效率低、设施化程度较低。

解决办法：筹备资金购买饲料加工设备，加大对机械化设备的操作培训。

(三) 企业经营现状

1. 企业经营过程中遇到的问题及其解决思路　企业经营过程中遇到的主要问题包括：①牦牛产供不衔接。近年来实施"公司＋合作社＋农户"的产供模式一直不理想，原因一是传统的养殖方式在农户的思想观念中根深蒂固，加之规模化养殖需要资金（虽然政府也有政策扶持，但不能完全解决），影响了农户规模化养殖的积极性；二是品种改良对农户来讲较难实施，农户在技术、资金上根本无法实现；三是受市场的影响，农户的履约意识淡薄。②龙头企业带动力不强。龙头企业在发展过程中，受人才、技术、资金等方面的制约，科研投入力度不大，产品研发进展缓慢，产品转型升级不及时，影响了牦牛产业的快速发展。③产业政策扶持力不够。政府为了加快牦牛产业的发展进程，出台了许多扶持政策，但由于资金的分散，没有充分发挥资金优势。

解决的思路：①出台有力的扶持政策，给予牦牛养殖企业政策扶持和技术服务；制定牦牛产业发展的相关政策措施，调动全社会参与牦牛产业发展的积极性；落实各项扶持牦牛产业发展的政策措施，加大资金的投入。②落实牦牛良种补贴、后备母牛补贴、牧业机械补贴、重大疫病防控和扑杀补贴、牦牛保险补贴。③督促相关单位和部门切实落实国家相关政策，切实解决牦牛生产中存在的用水、用电和用地问题。

2. 企业与带动农牧户之间的利益链接机制工作情况　公司采用"燕麦草种植—青、干燕麦草饲喂牦牛—精饲料配方调整补饲—牦牛短期高效育肥—牦牛屠宰—牦牛肉分割销售—餐饮"的全产业链经营模式。公司每年与当地农牧户签订800hm² 青燕麦草种植合同，公司按340元/t 的价格收购农牧户种植的鲜草，青干草按1 100元/t 收购，与种植青稞、油菜相比，农牧民每公顷多收入3 900元，仅此一项为当地农牧户增收300万元。其中，18户贫困户种植饲草31hm²，增加收入12.2万元，户均增收6 780元。全年公司养殖基地安排固定就业人员47人，每人月均工资3 500元，全年发放工资200万元。安排工作的人员中75%都是地方人员，其中贫困人口36人，年人均收入27 000元。收购的牛羊价格与西宁市的收购价格保持一致，购买环节为农牧户每头牛节省运输成本12元，2019年合计给当地农牧户节省成本94万元。

3. 效益分析

（1）经济效益　2012年以来，公司和海晏县农牧民1 030户签订优质燕麦草的种植合同，推动了种植业由传统的青稞种植向饲草种植的方向发展。2013年海晏县3个乡镇16个村的910户贫困户把政府扶持的600万元扶贫资金，注入公司，公司用于牛羊养殖。

公司无论企业效益如何，每年按 63.1 万元连续发放红利三年，保障了贫困户的基本利益，从 2016 年起把每户的分红提高到 1 000 元，共分红 91 万元。公司注册成立的青海五丰生物科技有限公司，每年收购周边农牧民的牛羊粪 6 万 m³（60 元/m³），为农牧民增收 360 万元。其中向 87 户贫困户收购牛羊粪 500m³，使这些贫困户增收 3 万元，户均增收 340 元。2019 年公司实现销售收入 6 258.6 万元，实现利润 335.8 万元；其中出栏牦牛 4 579 头，购进周边农牧民牦牛 2 634 头。

（2）社会效益 公司全年安排固定就业人员 199 人（加工厂 86 人、餐厅 26 人、养殖场 47 人，肥料厂 40 人），月人均工资 3 700 元，临时用工 476 人次，人均工资 3 403 元，全年发放工资 757 万元。安排就业人员中 87% 都是地方人员，其中，贫困人口 36 人，年人均收入 27 000 元。

（3）生态效益 公司与周边农牧民签订青燕麦草种植订单，秋季收割青贮，既增加了农牧民收入又减轻了草场压力。公司在海晏县还建立了晏华饲料加工配送中心，从源头加强饲料管理，保证牛羊肉安全，同时也保护了生态环境，提高了畜牧业可持续发展能力。

4. 模式归纳总结 已初步形成了以"燕麦草种植—青、干燕麦草饲喂牦牛—精饲料配方调整补饲—牦牛短期高效育肥—牦牛屠宰—牦牛肉分割销售—餐饮"为一体的生产经营模式。

二、青海泽库县西卜沙乡团结村生态畜牧业专业合作社

（一）企业简介

泽库县西卜沙乡团结村生态畜牧业专业合作社位于距离泽库县县城 37km 处。在合作社成立之前，团结村的牦牛养殖方式是散养放牧，存在着出栏率低、生产率低、草场利用率不高、饲草料供给不足等一系列问题。在政府和相关部门领导的大力支持和帮助下，将合作社牛羊、草场、现金以股份的形式入股，正式成立了泽库县西卜沙乡团结村生态畜牧业专业合作社，使牧民成为合作社的股东，牦牛、草场、资金成了合作社的股份，正式开启了合作社运营模式。合作社的经营活动属于牧繁性质。

合作社整合了扶贫产业项目、农牧业各类扶持资金，相继实施了生态畜牧业合作社能力提升建设、大学生村官领办、有机畜产品生产基地建设、牧区畜用暖棚建设等项目，修建了牦牛高效养殖标准化基地 1 处，配备了办公室、兽医室、饲草料库、有机堆粪场、饲料加工机械、奶罐车等养殖配套设施，极大地改善了合作社生产条件，增强了合作社发展后劲。

（二）企业在养殖过程中存在的问题及其解决办法

1. 企业在肉牛选种选配上存在的问题及其解决办法

（1）忽视牦牛选种选配工作 长期以来，由于存在对牦牛品种选育工作重视不够，即重生产、轻选育提高的状况，使牦牛的性能和遗传品质改进处于停滞甚至退化状态，主要表现在对公牛没有进行科学的鉴定、选择和培育，没有注重选种选配，种公牛饲养

管理粗放；近交繁殖较严重，种公牛数量不足，特别是优良种畜较少，公牛利用不合理，有的公母比例达到1：（30～35）；部分种公牛出现年龄老化的情况，有的公牛初配年龄过早。以上因素都会影响牦牛个体和群体生产性能的提高，制约着牦牛遗传潜力的发挥。

解决办法：牧繁农育项目专家组建议加强牦牛的本品种选育选配工作。这是提高牦牛生产性能的重要途径。在牦牛产区，特别是在合作社的建设和示范推广中，应积极开展和加强牦牛选种选配工作，选留牦牛优秀个体进行重点培育（图2-15），从犊牛阶段即开始全哺乳的培育，对种公牛的选留、淘汰和培育进行严格筛选，这是提高群体品质和遗传改进的关键。加快牛群血缘更新，减少或避免在亲代群中留种，争取做到异地选择公牛或经常进行异地公牛的替换，对牦牛施予人工选择干预，对品质下降及连续两年不受胎的母牛均应及时淘汰。

图2-15　合作社饲养的牦牛

（2）**畜群结构不合理**　畜群结构不合理使牦牛个体生产性能和群体产出能力都受到制约，主要表现在母牛比例低、公牛比例偏高、公牛周转速度慢、优良种畜少、生产性能低。

解决办法：优化畜群结构，解决草畜平衡问题，提高经济效益。在冬春季枯草期牧区放牧牦牛饲草资源短缺，制约牦牛生产的发展，但到夏秋季节，则会出现饲草过剩或资源严重浪费等现象，因此容易形成区域性冬春季饲草短缺、夏秋季饲草过剩的季节性草畜矛盾。充分利用饲草生长旺季的自然规律和资源，既有利于缓解草畜平衡问题，又能增加经济收入。同时，使牦牛群中只保留优秀的种公牛，对失去配种能力的公牛通过短期放牧加补饲育肥后出售，可以获得较高的经济效益，增加牧民收入。此外，通过调整畜种、畜群结构，选择最佳适龄母畜比例，保持合理的牲畜出栏率和商品率，可以维持草地畜牧业生产的可持续发展。

2. 企业在肉牛饲草料使用上存在的问题及其解决办法　①饲草料供给不足，饲草品质较差。主要表现为当地天然牧草种类虽然丰富、但豆科牧草少，蛋白质饲料缺乏。据泽库县区划资料统计，优等牧草有38种，占12.54%；良等牧草31种，占10.28%；中等牧草56种，占18.84%；低等牧草48种，占15.84%；劣等牧草40种，占13.20%。天然草场中优良牧草种类虽然不多，但它们在草场中占主要地位，在牧草组成的比例中，豆科牧草不超过3%。②放牧利用季节性强，夏场多冬场少。泽库地处高寒、冬长夏短，冬春草场面积小，利用时间长，全县冬春季草场占可利用草场的41.29%，而放牧时间长达8～9个月，占全年的48%～64%，因而冬季草场压力大。全县夏秋季草场占可利用草场58.71%，放牧时间3～4个月，占全年的25%～43%。这种冬春季紧张、不同季节提供的牧草数量和质量不平衡，是导致放牧牦牛生产"夏壮、秋肥、冬瘦、春乏"现象的主要原因。③缺水草场多、有水草场少。这些缺水草场大都为冬春季草场，牦牛常要跋涉数公里外饮水，不仅消耗牦牛体力，也影响了牦牛生产性能的提高。④饲料及秸秆粗饲料使用补充较少。多年来牦牛粗放的饲养管理一直没有得到彻底改变，主要体现在饲喂无规律，饲喂牦牛时早时晚，喂料时多时少，经常变换饲料，不利于牦牛生长。

解决办法：以草定畜、合理载牧、维护草地生态平衡是畜牧业生产的基本要求，因地制宜地研究最优放牧强度和放牧制度是合理利用草地资源，保持草地持续生产力的基础。通过严格控制载畜量，对合作社草场制订合理的减畜计划，采用轮牧休歇、围栏放牧、封育补播、灭鼠治虫等综合生产技术配套措施，缓解草地放牧压力，使草地退化得到有效遏制，恢复草地原生植被，改善草地生态环境，提高草地生产能力，使草地生态系统进入良性循环，维护系统的动态平衡，实现草地畜牧业的可持续发展。建立稳固的饲草基地，解决草畜季节不平衡等问题：一方面建立和培育以多年生牧草为主的人工放牧地，以解决冬春季天然放牧地牧草不足的问题；另一方面建立以一年生饲草作物为主的打草场，以满足打草、贮备、补饲等需要，从根本上转变靠天养畜的现状。在牧繁农育项目专家组的指导下，积极开展牦牛放牧补饲和育肥关键技术的示范推广，包括繁殖母牦牛营养调控技术、幼年牦牛放牧＋补饲技术以及成年牦牛冷季补饲技术，实现不同的牦牛养殖目标。在牧区利用夏秋季牧草丰美、营养丰富的优势，充分发挥幼畜早期生长发育快、饲料消耗少的特点，对犊牛采用催肥新技术，使犊牛提早出栏，减轻冬春季草地压力，从而大幅度提高草地生产效益和经济效益（图2-16）。

图2-16 饲喂牦牛的饲草料

3. 企业在肉牛日常管理中存在的问题及其解决办法

（1）管理方式粗放，草畜矛盾突出 牦牛传统"逐水草而居"的游牧放牧模式对放牧地普遍压力过大，放牧系统初级生产力降低，从而影响次级生产力，在高压放牧条件下，长此以往，必将影响草畜生态畜牧业的可持续发展。

解决办法：牧繁农育项目专家组建议企业采用合理的放牧制度。随着合作社牦牛数量的逐年增加，按照现有的草地及家畜状况，利用系统放牧的方式达到生产目的，利用划区轮牧制度来帮助放牧地植被恢复，通过有计划地混合放牧来控制放牧地生物群落等。

（2）**缺乏疾病防控意识**　由于牧民缺乏先进的技术指导和防控意识，导致传染病成为影响牦牛养殖质量和产量的重要因素之一。口蹄疫、病毒性腹泻等病毒性疾病风险大；细菌性疾病如结核病、布鲁氏菌病仍有发生；多重感染存在，诊断防控难度加大。

解决办法：牧繁农育项目专家组建议企业加强饲养管理，做好清洁卫生，合作社农户必须贯彻"预防为主"的方针，只有加强饲养管理，做好圈舍清洁卫生，增强牦牛的抗病能力，才能减少疾病的发生。坚持消毒制度，加强防疫措施，圈舍必须进行不定期的消毒，清除一切传染源。牛舍进口处要设置消毒池及消毒设备，经常保持有效的消毒。牛舍每月消毒1次，牛圈每周消毒1次，隔离牛和病牛要根据具体情况进行必要的消毒。如发现牛可能患有传染性疾病时，病牛应隔离饲养，死亡牦牛应送到指定地点妥善处理，养过病牛的场地应立即进行清理和消毒。与此同时，应大力提升饲养员对牦牛疾病的安全预防意识；建立定期疾病检测和监督机制，采取定期接种疫苗的方式以提高对疾病的防控。

（3）**专业人才缺乏**　青海省牦牛养殖长期处于生产力低的主要原因之一就是农牧区科技队伍薄弱，专业技术人才匮乏，牧民文化素质不高，对现代畜牧科学技术缺乏学习和应用能力。

解决办法：加强培训技术人员和管理人员。

4. 企业在畜舍设计建造方面存在的问题及其解决办法

（1）**畜舍建造不标准**　目前养殖的建筑形式及材料选择多种多样，在考虑牦牛的需求和生活习性上随意性大，在新材料、新技术应用方面也较差，牛舍的标准化与规范化严重滞后，未能形成统一的圈舍标准。

解决办法：牧繁农育项目专家组建议企业研发设计适合养殖场使用的、与机械化养殖工艺相配套的、适合不同阶段牦牛饲养的、造价低的标准化、规范化畜舍。

（2）**畜舍设计不合理**　一是牛舍饲喂通道不适合机械送料，如 TMR 技术的使用，而人工送料工作强度大，工作效率低；二是牛羊舍的清粪通道不适合机械作业，人工清理粪便工作强度大、环境差、工作效率低；三是排污系统缺乏。

解决办法：为了保证牛场舍饲地面干燥，还必须专设场内排水系统，以便及时排除粪污。应及时清除粪便，加大采光面积，增加运动场面积。

（3）**饮水设施不完善**　无论是舍饲还是放牧饲养牦牛，恒温饮水技术应用较少，冬季饮水温度低，甚至是冰水，易引发牦牛消化不良，诱发消化道疾病。

解决办法：进行独立饮水系统及加热饮水系统的推广应用，以达到牦牛自由饮水，并且水温不受冬季气温影响。

5. 企业在肉牛辅助设施设备使用上存在的问题及其解决办法

（1）**消毒设施不到位**　依然采用老式消毒设备，消毒效果不佳。

解决办法：疫病防控设施化。主要是增加舍内疫病防控设备如静电喷雾设备、压力喷雾设备；以及用于检查和治疗的保定架、牛体刷设备和移动式药浴设备。

（2）**机械化养殖设施缺乏**　企业多采用人工饲喂及清理粪污，工作强度大，工作效率低，设施化程度较低。

解决办法：进行粪污无害化处理机械化技术的选型及配套，包括固液分离粪便的翻抛、筛选、混合搅拌、粉碎、造粒、包装等有机肥料制作设备和发酵设备技术；筹备资金添加饲料加工设备，加大对机械化设备的操作培训。

（三）企业经营现状

1. 企业经营过程中遇到的问题及其解决思路　2011 年，泽库县抓住青海省全面推行草地生态畜牧业工作这一历史机遇，以保护生态和经济增收为主要目标，以党支部引领合作社发展为主要措施，全面展开了泽库县现代生态畜牧业探索工作。为带领牧民走上生态致富道路，原团结村村主任红卫带领 28 户牧民组建了团结村生态畜牧业专业合作社，牧民以 400hm² 夏季草场、130 头牦牛进入合作社，实行统一管理、利益共享、风险共担，大力拓展畜产品销售业务。目前合作社发展到 251 户，占全村总户数的 84.43%；人数为883 人，占全村人数的 77.8%；入社贫困户为 82 户，占全村贫困户数的 96%。2018 年分红资金达到 309 522 元，2019 年达到 12 万元，2020 年达到 108 万元，取得了显著的带头和引导作用，具体做法是：

（1）**股份改造，资源整合**　实行现金、实物入股。实物（牧畜、草场）评估折现入股，其中对牙牦牛折 2 200 元/头，周岁犊牦牛折 3 000 元/头，2 岁牦牛折 4 000 元/头，生产良种母牦牛折 7 000 元/头，生产母牛折 6 000 元/头，种公牛折 8 000 元/头。对于现金入股，由于富裕户和贫富户入股牲畜数量差别较大，为保证公平和缩小贫富差距，每人只能入 1 股现金股（500 元）。

（2）**能人带动，民主管理**　合作社发起人红卫，说服、带动其他村民从事二、三产业。2011 年，适逢当地政府大力扶持发展生态畜牧业合作社，红卫抓住机遇，走街串巷宣传合作组织的优势，使得部分牧民思想观念发生转变，成立了团结村专业合作社。

（3）**以草定畜，划区轮牧**　合作社天然草场按照以草定畜、草畜平衡的原则，确定草场载畜量，明确放牧顺序、放牧周期、放牧时间，逐区放牧、轮回利用。牦牛实行天然放牧，近 2 500 头牦牛分为 9 个牧业小组，每组配备若干名成员担任放牧员及挤奶员。

（4）**分工分业，按劳取酬**　合作社设立产业组和商业组，对剩余劳动力进行再教育、再培训、再分工，从事畜产品销售及外出打工等。

（5）**政府支持，多方合力**　争取各类扶持资金，实施合作社能力提升建设、有机畜产品生产基地建设、牧区畜用暖棚建设等项目，修建高效养殖标准化基地 1 处，配备兽医室、饲草料库、有机堆粪场等养殖配套设施。

2. 企业与带动农牧户之间的利益链接机制工作情况　牧民通过现金、牛羊、草场入股合作社，为保证公正，合作社与成员签订股权协议，详细记录入股草场和牲畜情况，拍摄、留存现场交接照片，每头牲畜都建立生产档案，由公证人员现场公证并出具公证书。合作社设立了理事会、监事会，重大决策由成员大会讨论通过；还设立了 15 名成员代表，由 15 个没有理事的村民小组选举产生，代表本小组成员提出建议意见。合作社还与企业合作，企业通过下订单的方式在合作社采购牦牛。

3. 效益分析

（1）**经济效益**　团结村生态畜牧业专业合作社 2019 年养殖加其他收入共 108 万元，

其中卖牛收入 55.68 万元，生产销售酸奶、曲拉、酥油等收入 31.32 万元，其他经营性收入 21.75 万元（店铺出租等），牧民人均收入较没有加入合作社的牧民多 1 500 元。

（2）社会效益　通过转变畜牧业生产方式，推广良种繁育及科学高效养殖，合作社畜群结构进一步优化，良种比例和出栏率不断提高，彻底改变了过去牲畜"夏壮、秋肥、冬瘦、春死"的恶性循环。合作社组建时，牦牛良种率不到 6%，目前良种率达 70%。合作社通过多产业多元化发展，牧民收入快速增长。随着二、三产业的拓展，促进了贫困人口的就业和脱贫。

（3）生态效益　合作社在泽库县草原主管部门指导下，测算出天然草场合理承载牲畜的数量，共减畜 2 203 个羊单位，实现草畜平衡面积 3 733hm²。合作社建立了饲草料基地，发展放牧＋补饲（半舍饲）养殖方式，有效解决了超载过牧和发展生产之间的矛盾。同时，结合实施生态保护补助奖励政策，牧民保护和管理草场的自觉性进一步增强。经青海省草原监理站监测，2019 年团结村天然草场平均产草量 3 384kg/hm²，比 2010 年增加 321kg/hm²，提高 10.5%，天然草场载畜量由每个羊单位 0.72hm² 调整为每个羊单位 0.92hm²，探索出了一条生产、生活、生态协调发展的路子。

4. 模式归纳总结　团结村生态畜牧业专业合作社采取了"股份制改造、资源整合、生产结构调整、按劳分配、多元化发展"的一二三产业融合策略，改善了生态环境，增加了牧民收入，为泽库地区草地生态畜牧业合作提供了可供借鉴的范式。

第四节 陕西地区牛羊牧繁农育关键技术应用案例

一、陕西杨凌示范区秦宝牧业股份有限公司

（一）企业简介

陕西秦宝牧业股份有限公司（简称秦宝牧业）是集肉牛良种选育、繁育、育肥、屠宰分割、牛肉深加工及品牌化营销为一体的肉牛全产业链企业。公司目前有四大肉牛养殖基地，建立了杨凌现代肉牛产业园、秦宝延安黄龙优质肉牛产业园、秦宝甘肃灵台现代肉牛产业园和秦宝岐山肉牛养殖园。目前公司优质良种肉牛存栏量为 6 000 头，有一类系谱和二类系谱安格斯良种母牛、和牛种公牛、安格斯种公牛等良种肉牛资源。杨凌秦宝牛业有限公司为陕西秦宝牧业股份有限公司的全资子公司，投资 1.86 亿元建设，是一家以良种牛繁育为基础、以科学饲养为核心、以技术创新提升价值为目的的现代化养殖企业，也是秦宝牧业全肉牛产业链一体化经营模式中的重要战略布局，国家农业产业化重点龙头企业。杨凌秦宝牛业有限公司是秦宝牧业存栏规模最大的养殖牧场，占地 80 万 m²，建设有静态存栏 10 000 头的高档肉牛育肥场、静态存栏量 2 500 头的良种繁育中心、年产 3 万 t 的饲料厂、年产 5 万 t 的有机肥厂、工程技术中心、牧草试验示范中心及职业农民培训中心。

（二）企业在养殖过程中存在的问题及其解决办法

1. 企业在肉牛选种选配上存在的问题及其解决办法 公司分两批从澳大利亚引进了纯种安格斯母牛 6 400 头，以此为基础，在核心园区建立良种安格斯母牛扩繁中心。对 6 400 头安格斯母牛进行筛选，挑选出三代系谱齐全、各指标优秀的 1 500 头核心群为其纯种选育的种群资源。此外，在其中筛选出 302 头安格斯牛为国家核心育种群，进口北美顶级安格斯牛种公牛冻精冷配进行纯种繁育。截至 2019 年年底，淘汰原基础母牛 52 头，后备入群 20 头，现存栏 272 头为国家核心育种群。在牧繁农育项目专家组的指导下，加大开展肉用繁殖母牛扩群增量关键技术示范推广，采用人工授精、胚胎移植技术，以良种母牛为受体，快速扩繁纯种安格斯牛良种，逐步选优淘劣，提高安格斯牛产肉性能和经济性能。目前企业在肉牛选种选配上经验丰富，尚不存在明显问题。

2. 企业在肉牛饲草料使用上存在的问题及其解决办法 2020 年在新冠疫情影响下，部分养殖场不能正常运输饲草料，导致饲草料供应不足。以就近购买原则根本不足以维持所有肉牛养殖场的正常供给，与此同时饲草料成本变高，这也充分体现了企业面对突发状况和重大疫情时没有缓解或者解决的措施。此外，持续降雨对青贮饲料和草料的存放影响很大。企业大部分养殖场干草长期存放在半开放室内，没有防潮措施，长期降雨导致空气潮湿或者雨水灌入室内，干草出现发霉现象。目前企业的大部分养殖场青贮窖

属于青贮地窖，在近年来雨水较多的时候会出现雨水浸泡的现象，导致青贮腐烂变质。

解决办法：牧繁农育项目专家组建议企业由1～3个月的饲草料库存增加至半年，并且定期更换，避免饲草料变质。提高饲料供给部门在疫情或其他紧急情况下的应对能力和速度，提前准备应对措施。干草的存放可以选择封闭性较好的仓库，对于没有贮存条件的养殖场，可以定期从仓库运输干草至养殖场，缩短养殖场干草存放时间，降低干草变质风险。由于早期青贮地窖设计存在收水井、地下管道等设计缺陷，因此在使用青贮时应先从设计不完善的青贮窖取料，延后从排水设施完善、能够应对强降雨天气的青贮窖取料。

3. 企业在肉牛日常管理存在的问题及其解决办法　秦宝牧业养殖场繁多，各场饲养管理措施存在一定差异，饲养管理人员在饲喂方案上各不相同，因此造成饲喂方式和饲喂量等方面不固定，各养殖场经济效益参差不齐，尤其是在犊牛的饲养管理上表现最为明显。犊牛易发生应激反应，各养殖场饲养管理人员知识储备和经验差异较大，部分养殖场，尤其是育肥为主的养殖场，饲养人员饲养犊牛的经验有限，犊牛出现应激反应比例较高。目前秦宝牧业各牛场都包括育肥和繁育两部分，由于育肥牛和繁育牛在日常护理、饲喂管理和留种选择等方面的差异，导致所有养殖场均存在管理繁杂、人员配置复杂不专一等现象，造成在饲养成本和管理人员增加的同时，还不能充分发挥基础设施的价值，且容易出现不同牛群不能按照专门化饲养、管理混乱等问题。

解决办法：经牧繁农育项目专家组建议，计划以杨凌和岐山两处养殖场作为主要繁育场用于饲养繁育牛，配备繁育舍所需要的设施和专业繁育管理人员，制定种公牛、妊娠母牛、哺乳母牛和犊牛的饲养管理方案，并对这两个养殖场的饲养管理人员进行专业培训。其他养殖场均为育肥场，不进行繁育工作，将原有繁育设施转移至繁育场，扩大育肥群体，调整育肥牛比例。为提高肉牛养殖管理人员的专业知识，派出技术人员参加全国肉牛生长性能测定培训。目前公司有5名技术人员参加培训并获得了证书，能熟练地掌握肉牛生产性能测定技能。公司内部每个月为员工做肉牛饲养管理等方面的技术培训，丰富员工肉牛养殖专业知识，并用于指导肉牛生产。此外，扩大育肥牛群可增加短期效益，增加资金流动性，降低风险，在保留现有繁育区的基础上，实现资产利用率和周转率最大化。

4. 企业在畜舍设计建造方面存在的问题及其解决办法　公司在基础设施设计上存在一定缺陷，不能完全符合现代养殖需求。整个牛舍属于半开放式，四面均为开放式，虽然满足了通风、换气、采光等需求，但是冬季牛舍非常寒冷，没有合适的保暖设施。牛舍设计时缺乏运动场，由于整体布局已经确定，也没有预留运动场建造面积，为后期改造增加了难度。

解决办法：牧繁农育项目专家组建议将两栋牛舍之间的绿化部分改建成运动场。此外，由于饲喂通道表面比较粗糙，不利于饲喂通道的清洗消毒，因此在后期建造的养殖场中应考虑在饲喂通道上铺设瓷砖，以便于清洗消毒。

5. 企业在肉牛辅助设施设备使用上存在的问题及其解决办法　目前秦宝牧业的养殖场没有专门按功能划分，有基本辅助设施设备，但设备老化程度高、故障率高、工作效率低，且现代化设备不足，不能完全符合现代养殖场的需求。

解决办法：为提高设备使用效率，牧繁农育项目专家组建议企业将杨凌和岐山的养殖场作为繁育场，其余养殖场不再设繁育舍，将各养殖场繁育用基础辅助设备转移至杨凌和岐山的养殖场，淘汰老化设备，提高繁育用设施的利用率。

（三）企业经营现状

1. 企业经营过程中遇到的问题及其解决思路　通过经验积累，秦宝牧业总结出了适合自身发展的"秦宝模式"。秦宝模式主要包括两种，一种是全产业链模式，即包括育种繁育、屠宰加工、销售、有机肥加工循环综合开发利用。公司已建立了以北京、上海、广州、深圳及西安五大城市为中心辐射全国的秦宝牛肉线上线下销售网络。另一种是以各个养殖基地的产业园区作为技术中心，给合作社农户提供技术服务、开展合作，主要以"公司＋农户"的模式，带动当地的经济发展和农民致富。公司在核心园区建设有良种繁育中心、饲草示范实验中心、职业农民培训中心、饲料加工配送厂，为辐射园区的繁育大户、适度规模繁育场、繁育小区、饲草种植大户提供良种母牛、优质冻精、优质牧草、优质饲料及技术和金融支持，辐射园区生产的犊牛以高于市场价的标准被公司收购到万头牛养殖场进行集中直线育肥，出栏的育肥牛送往眉县肉牛加工产业园进行屠宰分割和品牌化营销。养殖产生的粪便在有机肥加工车间加工成有机肥，发展有机农业。

由于受新冠疫情影响，春节期间计划出售的活牛和牛肉不能跨省运输，导致达到出栏标准的肉牛不能按时出栏，不仅不能及时回笼资金，而且在饲草料缺乏的特殊时期，不能售出的肉牛增加了饲草料压力，饲草料缺口增大。在新冠疫情得到控制之后，秦宝牧业优质牛肉加工产业园开始正常作业，就近屠宰待出栏肉牛，牛肉就近销售，以迅速应对市场变化。

2. 企业与带动农牧户之间的利益链接机制工作情况　秦宝牧业坚持"公司＋农户"的模式，在宝鸡及西安8个县区建立8个养殖合作社，带动512个养殖基地村，15 000户农民从事肉牛养殖，创造产值约3亿元。企业给农户提供妊娠母牛、基础母牛、二期育肥牛，然后回收犊牛。企业为农户提供一期架子牛（6～10个月），二期农户自有饲料育肥（半年），18～20个月的时候即在三期之前回收架子牛，秦宝牧业使用自主研发的饲料配方快速育肥（4～6个月）。但目前企业的效益循环没能达到，没有做到以牛养牛（即育肥出栏，再供养母牛、犊牛）。目前因为饲料和资金不到位，饲料转化效率低，导致肉牛出栏时间长、循环率低。如果能够从市场上收购架子牛，减少出栏时间，增加循环率，就能解决部分资金流动问题。农户代养的最大优势在于，企业能够一次性提供50或100头甚至更多的牛源，这样农户购牛成本降低，节约时间成本、人力成本，运输范围小还可以减少牛群的应激反应以及便于为农户提供技术服务。

3. 效益分析

（1）经济效益　目前企业基础母牛存栏2 500头，每年生产成活犊牛2 000头以上，其中1 000头出售或投放给农户，1 000头公司自行育肥、屠宰和销售。养殖端的生产效益每年可达3 000万元。秦宝牧业坚持"公司＋农户"的模式，企业肉牛存栏量在4 300头左右，杨凌场和岐山的养殖场有妊娠母牛共1 700头左右；核心育种场有安格斯牛400多头；核心育种群包括种公牛、种母牛、青年纯种安格斯牛以及和牛母牛。企业所育成的

"秦宝牛"是三元杂交后代。2021年上半年增加1 000~1 200头基础母牛存栏量，可向社会提供的后备青年种公牛有150多头。

（2）社会效益　秦宝模式可以促进当地肉牛产业循序渐进地发展，带动农户致富，促进乡村农业经济、循环经济发展，帮助农户增产增收。具体表现在：第一，强化主导产业和促进农业结构调整。秦宝牧业通过"公司＋农户"的经营模式不仅可以将优良青年原种牛推广到千家万户，优化区域肉牛养殖品种结构，带动肉牛养殖技术进步和效益提升，而且可以实现粮食过腹增值，改善土壤肥力，形成种植业与畜牧业的有机结合，优化农业产业结构，促进农牧业良性循环。第二，增加农民收入。秦宝模式开始实施后，带动农民通过肉牛养殖，形成了现代农业生态化、集约化、工业化的新型农业产业结构，发展陕西现代肉牛产业，调整农业结构，带动当地农民增收。第三，拓宽就业渠道，稳定社会秩序。秦宝在解决部分劳动就业问题和劳动福利的同时，带动10 000多农户通过养牛走上致富之路。这不仅增加了农户的收益，同时也促进了地方经济的发展，减轻了政府的就业压力，稳定了社会秩序。公司将继续以"技术覆盖全产业，培训覆盖全部主产县，展示覆盖全部示范基地"为目标，进行采精、冻配、冲胚、产犊等专业技能的培训。第四，促进农业结构优化，完善产业链。通过种草养畜，促进传统的"粮食作物-经济作物"的二元种植结构向"粮食作物-经济作物-饲料作物"三元种植结构转化，提高畜牧业在农业中的比重，促进农业结构的优化和调整。牧繁农育项目实施以来，通过安格斯肉牛原种青年母牛的生产及供应，现代肉牛生产技术的示范、推广，以及企业和农户的实际联系，使产业链的不同环节（商品肉牛生产、技术服务、市场开拓及销售等）得到加强和完善，从而促进草食畜的进一步发展，以支撑和促进市场的开拓。通过产品销售积累资金，支持扩大再生产，以形成产业内部的良性循环，有利于加快畜牧业的产业化发展进程。

（3）生态效益　秦宝牧业始终秉承生态友好和持续发展的基本原则，将经济效益与生态效益进行有机结合。公司通过生产推广良种安格斯牛，提高安格斯牛的养殖水平和数量，逐渐增加对作物秸秆的需求量，从而提高了作物秸秆的利用率，减少秸秆焚烧对环境的影响，实现农业生产循环利用，对促进农业生态环境良性循环利用起到了一定的积极作用。

4. 模式归纳总结　秦宝模式主要包括两部分：一是全产业链模式，即育种繁育—屠宰加工—销售，以及有机肥加工循环综合开发利用；二是以各个养殖基地的产业园区作为技术中心，给合作社农户提供技术服务、开展合作，主要以"公司＋农户"的模式，带动当地的经济发展和农民致富。

二、陕西府谷县哈拉寨农业开发有限公司

（一）企业简介

府谷县哈拉寨农业开发有限公司位于陕西省榆林市府谷县哈镇。园区规划总面积3 800hm²，其中核心区面积380hm²。园区总体构成状况为"一心三区五带"格局（即综合服务管理中心，现代农业科技创新园区、现代农业休闲区、特色农业产品加工区，苗

木繁育带、林果产业带、现代设施农业产业带、生态恢复畜养循环产业带、生态恢复保护林带）。公司经营范围包括农作物种植、家畜养殖（奶畜除外）、生态治理、农副产品销售等。公司目前的经营活动主要是肉羊牧繁，现有基础母羊 280 只，2019 年产羔羊数量 150 只，羔羊成活数量 110 只，羔羊成活率为 73.3%。肉羊平均出栏体重 37.5kg，较牧繁农育项目实施前提高了 10%，肉羊出栏数量 440 只。牧繁农育项目实施前公司效益为 8 万元，实施后效益增加到 10 万元，提升 25%。

（二）企业在养殖过程中存在的问题及其解决办法

1. 企业在肉羊选种选配上存在的问题及其解决办法

（1）信息管理系统不完善，重视选种而忽视选配。

解决办法：第一，为实现规模化肉羊养殖场高效精细管理，在牧繁农育项目专家组的指导下，积极示范推广肉羊数字化管理体系关键技术，紧密结合羊场实际生产需要，开发规模羊场信息管理网络系统。系统功能包括羊群管理、配种管理、产羔管理、人员管理、财务管理、生产性能指标统计、淘汰策略制定、每天工作安排等，实现规模养羊场数据的远程快捷录入、查询，每天工作安排的即时提醒，羊场事务的辅助决策，协助管理者实时掌握羊场状况，并通过手机、平板、电脑等终端访问方式提供服务，进一步完善选种选配及其他工作。第二，选配是在选种的基础上，根据母羊的性状特点，选择合适的公羊与之配种以期获得理想的目标后代。忽略选配工作一方面不能充分发挥和利用这些肉羊的遗传潜力，另一方面如果发生近交会对羊场长期发展造成危害。需要通过肉羊遗传缺陷评估和生产性能测定，发现优秀个体、发掘优良基因，通过选配将优良基因组合成优秀基因型，以得到优秀后代、巩固选种的效果。

（2）育种管理和运行机制不健全　目前公司的肉羊选种选配工作虽然已经全面启动，但是育种的组织、管理、协调职责不明，分工不清。

解决办法：第一，修订完善育种方案。通过普查鉴定，在掌握育种肉羊基本情况的前提下，及时修订完善育种计划，制定可行的育种技术路线和技术措施，并尽快通过牧繁农育项目专家组论证后在项目区全面实施。建立育种委员会，聘请并成立专家顾问组，组建育种技术领导小组。重点是要在各协作单位中，抽调懂育种相关知识、有实践经验的一线技术人员，组成育种技术组，直接负责肉羊品种培育中各生产环节和试验项目的具体操作工作。第二，积极争取育种经费。各级业务主管部门要积极和当地政府及相关机构沟通，争取育种专项经费早日到位，并按育种要求尽早配套相关资金。资金到位后首先组建育种群和横交群，按育种规划开展选种选配，并及早选留或收购 F2 代横交羔羊，扩大横交群数量，加快育种进程。在条件允许的情况下对横交后代中理想型个体，可通过肉羊胚胎移植技术，快速扩繁群体数量，特别是理想型核心群数量。第三，召开育种研讨会和育种技术培训会。在育种方案通过牧繁农育项目专家组论证后，育种主要承担单位要及时组织育种协作单位和主要技术人员召开育种工作研讨会，商讨确定育种方向、技术路线、选育计划及鉴定标准的具体实施，讨论育种进程中可能出现的问题和解决预案，确立相关试验开展的时间和地点。在项目全面实施前要聘请育种专家，召开肉羊育种培训班，对育种工作中相关知识点、鉴定选育标准的操作性、技术档案填写和记录方法，以及育种中需要掌握的技能进行系统的培训。

（3）养殖品种单一，良种引进不足　公司养殖的肉羊品种不多，引进品种质量不过关，限制了公司肉羊养殖发展。企业肉羊养殖品种具有明显的单一性，主要养殖品种为湖羊，并且新品种相对匮乏，在品种更新方面进展缓慢。肉羊品种的引进工作在一定程度上决定了公司养殖规模。

解决办法：牧繁农育项目专家组建议公司严把引进新品种质量关。新品种的引进工作十分重要，公司技术人员首先必须要对新品种进行性能测定，做好选种工作，才能确保整个产业肉羊品种的性能质量。引种时，要尽量选择在本地引种，防止疫情传播；有关人员要考查引进羊是否来自疫情区，带有疾病则不允许进入养殖区；工作人员要对引进羊进行逐一消毒，并经过一段时间的隔离观察，未发现任何问题才可以饲养。

2. 企业在肉羊饲草料使用上存在的问题及其解决办法

（1）缺乏饲养标准，饲料配比不科学　由于没有饲养标准，有些育肥场饲料配比不科学，能量蛋白不平衡。有些育肥场把牛羊浓缩料当添加剂使用，个别育肥场甚至用猪饲料喂羊，造成育肥羊营养失衡。

解决办法：肉羊饲养过程中，不能过多饲喂高蛋白、高热能、高磷的精饲料，饲料配比应科学，能氮比要平衡，钙磷比要适当，一般为（1.5～2）∶1。

（2）饲料单一，缺少青贮饲料　目前公司主要的饲料来源为储存的玉米秸秆以及购买的豆粕精饲料，春夏季主要以放牧为主，无青贮饲料。

解决办法：牧繁农育项目专家组建议公司应当给肉羊饲喂适量的青贮饲料。饲料青贮后，可保存大量维生素、矿物质、蛋白质，拥有软、甜、酸、熟、香的特点，若调制时加入尿素、氨化物、蛋白质等物质，饲料品质会更好。但青贮饲料酸度大，有轻泻作用，开始饲喂时必须给肉羊一段时间适应。粗饲料和精饲料要搭配使用，不能单一使用。妊娠的母羊要尽量少喂，甚至不喂青贮饲料，分娩前15d停止饲喂。若青贮饲料酸度过大，可用5%～10%的石灰乳中和后饲喂。

（3）饲料生产及供应不足　长期以来饲草料品种单一，没有饲草种植和供应计划。不少合作社农户认为在羊能够吃上草的情况下，补饲一些玉米、麸皮等即可，导致不能按营养标准制定不同的饲料配方。由于饲草料单一，导致羊的能量与蛋白质摄入不均，微量元素摄入不足，使羊的异食癖、营养代谢病时有发生，严重影响生产性能。同时，不合理的营养供给严重阻碍羔羊的生长发育，也极大地影响羊肉的产量和品质。

解决办法：牧繁农育项目专家组建议规模养殖场应该制订详细的饲草种植和供应计划，及时发现并排除羊发生营养代谢病或异食癖的因素。饲草料种类应丰富且供应充足，以舍饲为主，饲喂青贮玉米秸秆＋农产品加工副产品（酒糟、淀粉渣、酱油渣、醋渣等）＋氨化麦秸＋精饲料，盐砖任意舔食。育肥羊断奶后圈养2～4个月出栏，饲喂全株玉米青贮＋农产品加工副产品＋精饲料。

3. 企业在肉羊日常管理中存在的问题及其解决办法

（1）畜牧养殖基础薄弱，从业人员综合素质有待提高　在肉羊养殖中，受传统散养与草畜平衡的影响，以及养殖人员个人素质不高、尚未掌握饲养知识与相关技术，所以始终根据个人经验饲养。导致企业肉羊养殖管理水平不高，并且对新技术和饲养知识

的应用也不多，能提供技术支持的基层专业人才严重匮乏。

解决办法：牧繁农育项目专家组建议企业，一要加强岗前培训，员工上岗前要进行安全教育、养殖专业知识及技能培训，以便上岗后能够较好地胜任养殖工作；二要加强员工实际操作技能的提高，通过传、帮、带的方法，使员工的岗位技能不断得到提高，进而提高劳动效率；三是对有培养前途的员工，进行专门培训，采用集中教育或将其送到外地进行培训的方式，培养公司专业的骨干队伍。

（2）耳标不齐全　由于肉羊饲养多实行舍饲或放牧，且饲养时间长，所佩戴的耳标常因操作不当以及长时间磨损、老化、挂扯而脱落。如果耳标丢失，会使有关肉羊生产过程的相关信息无法追溯，当肉羊出现风险时也无法及时顺利地获得保险公司理赔。

解决办法：对加施耳标的工作人员进行专业培训，使其操作规范，耳标佩戴合理。同时饲养员若发现肉羊耳标丢失，应反馈统计，并及时补打耳标。

（3）免疫制度不健全，疾病防控不到位　肉羊疫情防控是哈拉寨农业开发有限公司面临的一大难题，疾病的频繁发生给公司养殖发展带来了极大的挑战。受公司规模不大、资金短缺、技术不成熟、防疫制度不健全、缺乏相关技术人才等多方面因素影响，致使公司没有非常严格地按照免疫程序进行动物防疫。当疫情发生时，很难及时采取有效措施进行应对，从而导致疾病蔓延，给公司带来一定程度的经济损失。

解决办法：牧繁农育项目专家组建议企业建立适合本场的免疫程序和场区消毒程序，按照程序定期对场内饲养的家畜进行严格的免疫接种和消毒，并注意提高肉羊的免疫能力；对出入养殖场的车辆、人员也要执行严格的消毒制度。

（4）饲料品种少，营养不均衡，饲养管理水平不高　肉羊养殖过程中，极易出现体况不达标的现象，进而无法创造经济效益。产生此类现象的主要因素在于饲料的供应不合理，导致肉羊生长发育不良，具体体现在：因考虑饲养成本，通常选择就地取材或者不提供专门的饲料，如饲喂农作物、青绿饲料等，这类饲料转化效率非常低，单独饲喂无法满足肉羊生长发育所需营养。在肉羊养殖期间饲料原料较为单一，未进行科学配比，也会导致肉羊生长发育迟缓，影响养殖效果。圈舍规划不合理，圈舍建设未充分考虑肉羊的生活习性、生长特点、发育规律等，也会导致动物生长发育受到影响。同时，圈舍内饲料残渣、粪便等未及时清理，通风和光照设置不合理，会使细菌滋生，导致肉羊死亡率增高。

解决办法：制定科学的饲养标准。牧繁农育项目专家组建议企业应根据肉羊品种及不同生长阶段的营养需要，制定科学的饲养标准，大力开展肉羊标准化养殖关键技术示范推广，采购多种饲料，并进行统一管理，避免饲料存储过程中质量下降。同时在牧繁农育项目专家组的指导下，企业积极示范推广羔羊培育关键技术，具体包括初生羔羊护理、羔羊的哺乳、羔羊补饲、羔羊断奶、环境控制和疾病预防等，有效提高了羔羊断奶成活率和羔羊生长发育性能。

4. 企业在畜舍设计建造方面存在的问题及其解决办法

（1）防疫消毒设施不完善　牧繁农育项目专家组调研发现场区内不注重消毒和卫生，消毒卫生制度仅仅是流于形式，养殖场大门未设消毒池，生产区门口未设消毒间，非生产人员可以随便进入，畜舍内外环境和公共场所也不进行定期消毒。有的养殖户乱丢病死动物、乱堆粪便、乱扔药品和饲料包装袋（瓶），极易造成传染病的扩散。

解决办法：保持环境卫生是规模化养殖场防疫工作的重要措施，可降低养殖场内病原体的密度，净化生产环境，为动物建立良好的生物安全体系，减少疾病发生，对提高规模化养殖场生产效益具有特别重要的作用。

（2）通风换气不足 羊舍虽然设有通风扇，但通风扇的朝向不合理，并且通风风速达不到较好的降温效果。

解决办法：牧繁农育项目专家组建议企业应适当调整通风扇的角度，对于通风有较大需要的羊舍，应采购更大功率的通风扇，以满足降温的需要。羊舍的方位也会影响自然通风系统的通风效果。自然通风羊舍面朝东修建可以最大限度地利用自然风，在夏季这种作用尤为突出。与山墙的通风口相比，风从敞开的侧墙或屋檐下通风口进入羊舍可以更好地进行均衡的通风换气。两侧通风在天气热的时候显得格外重要，而面朝东的羊舍恰好可以让夏季的流行风向与畜舍屋脊的通风口保持垂直。羊舍一般采用自然通风法通风换气，在不同的季节中，羊舍的温度、湿度和通风要求不同。在夏季，温度不高于30℃，相对湿度须达到60%左右，通风应以每分钟1.2～1.5m³/只为宜；在冬季，一般羊舍在0℃以上，产羔室须达到10℃左右，相对湿度保持在50%～70%，通风应以每分钟0.5～0.7m³/只为宜。对于自然通风系统来说，尺寸适当的屋脊通风口和可以调节的侧墙通风口都是非常重要的。一般来说，羊舍跨度每3m，屋脊通风口宽度至少应达到5cm。例如，24m跨度的畜舍，其屋脊通风口的宽度应该是40cm。可以用覆盖物、刷漆或塑封的方式保护羊舍钢结构外露部分，以防风化侵蚀。

5. 企业在肉羊辅助设施设备使用上存在的问题及其解决办法

（1）保定设施缺乏 进行防疫注射等工作时，缺乏辅助保定设施，在日常防疫工作中容易造成漏针，无法保障重大动物疫病的免疫密度，很可能造成免疫失败，引起一系列问题。

解决办法：牧繁农育项目专家组建议企业建立保定通道，完成信息化建设。保定通道使用钢管和铁丝网片，焊接制作成高90cm、长10m、宽50cm的通道，安装在单独闲置的羊舍旁。在防疫、剪羊毛、治疗疾病时将羊群赶进通道，出口处设置小门，每次可容纳15～20只羊，可提高工作效率。

（2）药浴设施不完备 目前羊场药浴设施建设尚不完善，不利于羊场的防疫工作。

解决办法：牧繁农育项目专家组建议企业在羊场内适当地点修建药浴池，以加强羊场防疫，避免疾病发生。一般药浴池深不少于1m，长8～15m，池底宽0.3～0.6m，上宽0.6～1m，以1只羊能顺利通过而不能转身为度；入口一端是陡坡，出口一端设计成台阶以便羊攀登；在出口端要设滴流台，羊出浴后在羊栏内停留一段时间，使身上多余的药液流回池内。药浴池一般为长方形，用水泥筑成。

（3）栅栏及饮水设施不合理 羊场内围栏多为旧栏栅，其高度、栏栅间隔均设置不合理。羊饮水设施高度没有"因群制宜"，羔羊舍和成年羊舍高度完全一致，羔羊饮水不方便。

解决办法：为了便于羊分群、补饲和分娩，需要在羊场内配置多用途栅栏、栅板或网栏，栅板高1m、长1.2～1.5m。羔羊饮水设施高度应适宜，以便羔羊饮水。

（4）卫生设施不齐全　养殖场消毒设施、防疫设施不齐全。消毒工作不到位，可能会让员工健康受到伤害，进而让公司承受经济损失。

解决办法：牧繁农育项目专家组建议企业增设更衣室（沐浴更衣室），供生产人员进场更衣用。更衣室应建在规模化养殖场生产区大门旁，室内应有更衣柜、洗手池，也可安装紫外灯或臭氧机。也可设立沐浴更衣室，供员工入场沐浴后换场内专用工作服、鞋。应设立人员入场喷雾防疫通道，与更衣室相连通，供工作人员进入生产区前进行防疫。喷雾通道地面应建有排水池，其长度约 2m，宽度与通道尺寸等宽，深度为 10cm 以上。还应设立车辆入场喷雾防疫通道。供本场车辆出入养殖场生产区时用，建于养殖场生产区大门处，其规格一般为 3.5m 宽，长度没有要求。此外，应设立粪便堆积发酵场（池），用于粪便的贮存与发酵，可将粪便制作成生物有机复合肥或用来生产沼气。

(三) 企业经营现状

1. 企业经营过程中遇到的问题及其解决思路　公司缺乏科学的经营理念。随着市场竞争压力加大，无法进一步节约成本，提高利润率。公司规模相对较小，资金不足，无法及时根据市场需求调整生产规模。

解决思路：公司应及时引进具有先进管理经验的人才，为公司带来先进的理念，科学的管理，以提升市场竞争力；及时关注政府相应的帮扶政策，争取得到政府支持；申请银行小额贷款，为公司解决资金短缺的问题。

2. 企业与带动农牧户之间的利益链接机制工作情况　府谷县哈拉寨农业开发有限公司目前带动农户 11 户，主要通过技术服务、技术指导来带动农户养殖肉羊。企业通过线下技术培训、技术人员亲自到场进行指导，对农户进行全面的肉羊养殖技术培训，对农户养殖过程中存在的问题进行针对性讲解。府谷县哈拉寨农业开发有限公司对农户的技术支持方式灵活、注重实践，有效解决了农户生产实践中遇到的一些专业问题，有效提升了农户肉羊养殖的专业技能，为府谷县肉羊养殖产业发展、为打赢脱贫攻坚战奠定了坚实的基础。通过府谷县哈拉寨农业开发有限公司的技术指导，农户对肉羊养殖业有了新的认识，解放了思想，转变了观念，对肉羊养殖业充满了信心与憧憬。除技术服务外，府谷县哈拉寨农业开发有限公司对带动的农户以合作社的模式来管理和经营：公司提供技术服务、技术咨询，农户养殖的肉羊采取统一销售，既保证了肉羊品质，又保证了农户利益最大化，让农户在公司的带领和支持下增产增收。

3. 效益分析

（1）经济效益　府谷县哈拉寨农业开发有限公司在项目实施以来，效益提升率达 25%。牧繁农育项目实施前公司效益 8 万元，实施后效益 10 万元，效益增长 2 万元；产出羔羊数量 150 只，肉羊出栏数量 440 只；羔羊成活数量 110 只，成活率达 73.3%；肉羊平均出栏体重 37.5kg，与项目实施前相比提高了 10%。

（2）社会效益　府谷县哈拉寨农业开发有限公司目前带动农户 11 户，主要通过技术服务、技术指导来带动农户养殖肉羊。在府谷县哈拉寨农业开发有限公司的带动下，农户的养殖技术显著提升，生产母羊存栏数明显增多，产活羔数、产羔成活率也明显提升，农户养殖效益增加明显。

（3）生态效益　府谷县哈拉寨农业开发有限公司始终严格遵守国家关于生态保护的相关政策，坚持绿色发展、可持续发展。利用养殖场周围的土地，通过种植玉米、苜蓿等，解决一部分肉羊的饲草问题，同时将肉羊产生的粪便等进行集约化处理，作为牧草、玉米种植的有机肥料。公司拟建设青贮池，可有效解决当地焚烧玉米秸秆的问题。

4. 模式归纳总结　企业形成了"公司＋农户"的产业化经营模式，以公司为主体，以周边农户为基地，坚持"优势互补、共享成果、共担风险"的原则发展当地的肉羊养殖产业。引导农户进行合理的肉羊养殖，提供相应的养殖技术指导与支持，并且以合理价格对优质肉羊进行收购，解决农户养殖肉羊的出售问题，带动周围农户发展肉羊养殖，提高农户的养殖效益及整体经济效益。

第五节　河北地区牛羊牧繁农育关键技术应用案例

一、河北隆化县羽佳兴种养殖专业合作社

（一）企业简介

羽佳兴种养殖专业合作社位于隆化县步古沟镇上城子村，地处河北和内蒙古交界处，地势属于山区，种植地较少，可供养殖户放牧的地区更少。随着近年来禁牧政策实施，母牛养殖逐渐由放牧转为舍饲。合作社针对母牛养殖户舍饲养殖技术匮乏、养殖过程中健康问题频发、舍饲喂养的投资成本高等问题，投资建设母牛养殖一期工程，占地面积 $8hm^2$，主要经营玉米种植、牧草栽培及加工、母牛繁殖、肉牛育肥，成为种植业与养殖业相结合的农村经济合作组织。合作社采用种养结合循环模式，即生态种植—饲草饲料加工—肉牛养殖—有机肥加工—生态种植。

（二）企业在养殖过程中存在的问题及其解决办法

1. 企业在肉牛选种选配上存在的问题及其解决办法　合作社建场初期，引进了 150 头安格斯成年母牛和 250 头西门塔尔成年母牛。目前存在的问题主要体现在以下几个方面：

（1）**母牛发情周期长，配种率不高**　由于饲养、配种等管理不当，加上档案缺失等造成母牛空怀多，同时配种不集中，导致母牛分娩时间分散，给后期分群管理、营养管理带来很多问题。

解决办法：在牧繁农育项目专家组的指导下，合作社积极开展肉用母牛繁殖关键技术示范推广，采用同期发情—定时输精的人工授精技术（图 2-17）。全场母牛进行 B 超检查，有针对性地进行治疗或淘汰。检查正常母牛妊娠状况，挑选出妊娠月份相近的母牛，进行分群管理，未妊娠母牛分批进行同期发情，控制产犊时期。同时利用肉用母牛体况评分体系对牛群进行营养监控，确保肉用母牛各生理阶段适宜的体况，降低母牛难产风险，提高犊牛成活率，缩短肉用母牛的产犊间隔。

图 2-17　母牛的人工授精

（2）**犊牛成活率不高**　合作社母牛产犊季节多在冬季，造成犊牛死亡率过高。承德地区冬季温度最低达到 $-20℃$，产犊死亡率高。

解决办法：示范推广犊牛培育关键技术，尽量避开冬季产犊。提前测算产犊时期，控制配种时间，避开冬季产犊。如有母牛在冬季产犊，要增加犊牛护理人员，保证犊牛出生后吃足初乳，并对采食不足的犊牛进行人工补饲；另外要保证圈舍温度均衡，及时清理粪便并保持干燥，增加垫草的厚度，保持柔软舒适，为犊牛保持体温。

（3）品种单一，养殖效益低　目前合作社主要养殖两个品种：安格斯牛和西门塔尔牛，由于两个品种产犊期不同，导致犊牛群体小、年龄差异大，影响后期销售和收益率。

解决办法：更新种牛群并选择性淘汰种牛，注重牛场品种统一，以利于生产管理、营养调配和后期销售。

2. 企业在肉牛饲草料使用上存在的问题及其解决办法　合作社选择精饲料缺乏目的性和科学性，现存饲料品牌多且营养成分不明确，导致饲料缺乏科学配制。河北省是粮食生产大省，主要粮食有稻谷、小麦、玉米、棉花和豆类等，秸秆资源丰富，尤其是玉米秸秆产量最大。但是一些具有地域优势的粗饲料仍没有充分开发利用，如燕麦秸秆。近年来随着牛价的上涨和养殖户的增加，草料的价格也明显上涨，加上2020年新冠疫情影响，承德地区的玉米秸秆价格已达到850～1 000 元/t。

解决办法：与专家合作，进行技术培训，加强基层畜牧技术推广体系建设，提升基层技术推广骨干的服务能力，提高基层推广机构和个人的技术素质，加强科研攻关和成果转化。特别针对肉牛营养及饲料配方缺陷问题，示范推广肉牛肥育关键技术。开展全株玉米青贮加酒糟饲喂育肥肉牛关键技术示范推广，大力开发当地饲料资源，节本增效。充分开发其他畜种不能利用的当地糟渣类饲料资源，变废为宝。根据肉牛品种和不同生理阶段，制定科学合理的饲料营养配方。开发环保饲料产品，减少暖气等反刍动物气体排放，保护生态环境。针对目前存在的"肉牛合作社"的特殊地位与发挥的独特作用，应将其融入肉牛青粗饲料的供应链中，对目前的肉牛青粗饲料供应链进行优化，使合作社能够达到有步骤、有策略地组织、协调供应链伙伴内部关系，优化供应链条，培育青粗饲料市场体系。

3. 企业在畜舍设计建造方面存在的问题及其解决办法

（1）牛舍卧床潮湿，细菌滋生　成年牛趴卧时奶头沾染细菌，增加乳腺炎发生概率，进而导致新生犊牛吃奶后发生腹泻、咳喘。

解决办法：改造犊牛舍和运动场。从图 2-18 中可以看出，砖地面较沙土卧床洁净度更高，潮湿度也明显下降，可大大降低新生犊牛感染病菌的概率，从而减少腹泻和肺炎病例，提高犊牛成活率。

（2）犊牛舍环境差，无暖棚　冬季承德地区寒冷，导致新生犊牛感冒、腹泻、肺炎病例大大增加，严重影响犊牛成活率。

解决办法：在牧繁农育项目专家组的建议下，产犊舍增加保温和取暖设施，冬季也可以保证室内 10℃ 左右，每天清理，保持产犊舍干净清洁（图 2-19），冬季时能显著降低犊牛腹泻的发生，提高其成活率。

图 2-18　牛舍运动场

图 2-19　产犊舍

（三）企业经营现状

1. 企业经营的思路

（1）组织带动农户，合理产业分工　根据上城子村的实际情况采用建营分离的模式，通过土地流转、基础设施建设，给入社人员及贫困户带来收益，同时预留 4 栋牛舍给贫困户，让上城子村 172 户全部入社。通过土地流转，提供就业岗位，带动贫困户 42 户。通过政府财险直投带动贫困户 15 户。对新建舍饲存栏肉牛 50 头以上的养殖小区，按照 140 元/m² 的标准予以补助，在水、电、道路配套及用地审批等方面予以扶持。

融资方式采用险资直投，通过人工智能（AI）牛脸识别技术，全县统一免费提供肉牛养殖基础保险。真正做到产业扶贫，确保脱贫不返贫。同时为周边养殖户提供优质母畜，指导养殖户圈舍改造，提供牛场管理技术、青贮储存与使用技术，以及提供精饲料配比方案，贯彻防大于治的思想。

指导种植户及贫困户种植玉米，解决散户回收玉米问题，秸秆全部回收换取相应报酬。周边养殖户以点带面，每村养殖户带动回收周边种植户的玉米和玉米秸秆。合作社组织人员统一为养殖户进行玉米秸秆粉碎、打包成块。除合作社的机械使用费用外，养殖户 2020 年的玉米秸秆打包成块的费用是 335 元/t。合作社的玉米秸秆回收工作解决了散户种植户的玉米和玉米秸秆回收问题，也为贫困户提供了劳动力，同时降低了周边养殖户的饲养成本。

（2）与大专院校合作，利用高效繁殖和养殖技术

①选择健康条件良好且繁殖能力强的母牛　平时应注意观察牛的状况，及时淘汰不健康、易流产、有遗传病的母牛，确保母牛良好的繁殖能力和犊牛的健康发育。合理地控制母牛配种年龄，选择壮年公牛和母牛进行交配，在确保精子质量的同时，提高母牛的受孕率。禁止选择幼年母牛配种，避免产下不健康、瘦弱、易患病的犊牛，从而影响产奶量。除此之外，配种母牛年龄也不宜过大，年龄过大的母牛其繁殖能力会下降，进而影响受孕率，造成产犊间隔过长，影响企业养殖效益。

②做好发情鉴定，及时治疗发情异常母牛　正常发情是妊娠的前提。为促使产后母

牛及时发情,可适当使用激素。对于产后 25~35d 有可能发生子宫感染的母牛注射 PG,判断是否出现子宫感染和卵巢功能障碍。对发情但子宫或外阴有炎症的母牛要及时治疗;对不发情的母牛,则间隔 10~12d 检查卵巢功能,对卵巢静止的母牛及时用 FSH、PMSG 治疗,最好间隔 5~7d 再注射促排卵激素,促进排卵和黄体发育,以便产后 60d 左右能适时输精。发情鉴定的目的是判断母牛发情的真假、是否正常发情,并确定适时输精的时间。母牛的发情鉴定主要通过外部观察结合直肠检查进行。发情母牛表现兴奋不安、经常哞叫、两眼充血、感应刺激性提高和互相爬跨。发情母牛阴部充血、红肿,并流出透明黏液。黏液透明且黏性强、拉丝很长,是发情旺盛的表现;黏液浓稠且变混浊变白,则说明已到发情末期。母牛发情持续期比较短,成年母牛的发情周为 21d,发情持续期为 13~28h,应避免错过观察时机。

③做好输精后的检查工作,利用繁殖新技术 为了使母牛的繁殖能力得到提升,应该做好在输精后的相关护理工作,如检查母牛的身体状况并定期观察其生活方式,以此为基础判断母牛是否妊娠。如果母牛没有受孕,应该在第一时间对其进行补配,如果母牛已经受孕,则饲养人员应对母牛加强护理,保证犊牛能够正常生长。近年来牛的同期排卵-定时输精技术得到了快速发展与广泛应用,该技术对于缩短产犊间隔、提高母牛配种受胎率具有积极作用。因此,2019 年合作社选择 50 头西门塔尔牛和 50 头安格斯肉牛进行了肉牛定时输精试验,显著提高了肉牛的配种率,并且对于部分屡配不孕母牛也起到了一定的治疗作用。

2. 企业与带动农牧户之间的利益链接机制工作情况

(1) 建立档案,犊牛集中售卖 合作社给全镇养殖户建立养殖档案,以便及时掌握母牛配种、犊牛出生及成年牛出栏情况,组建繁育户和育肥户对接平台来减少应激带来的牛死亡,争取做到镇内消化,剩余集中销售。为全镇饲草分配、统一引种、统一销售提供真实可靠的数据资料。

(2) 签订饲草回购协议 合作社与步古沟镇政府共同制定合作社秸秆饲草回收协议,实施按需分配、就近分配原则,全面采用机械化生产,降低人工费用。由合作社编写报告,步古沟镇政府拟定《步古沟镇秸秆回收再利用可行性分析》和《步古沟镇秸秆回收再利用实施细则》。

(3) 组建兽医团队 组织专业兽医团队进行防疫、治疗、人工授精巡回服务,并搭建兽药使用平台,一些常用药品直接从厂家采购,减少成本。

(4) 建立完善的培训机制 组织"农牧交错带牛羊牧繁农育关键技术集成示范肉牛养殖培训班"。由中国农业大学和河北农业大学组建的专家团队,为养殖户们培训肉牛养殖理论基础知识和养殖场实操技术。通过培训让养殖户学习了解科学饲喂管理技术,控制成本,提高犊牛成活率。推广同期发情-定时输精技术。人为控制犊牛出生月份,避免因天气因素造成的犊牛成活率降低,以增加基础母牛生产效率。

(5) 精液统一配送 合作社引进良种肉牛冻精,加速改良现有肉牛品种,实施统一引进精液、统一配种并记入养殖档案。从人工和冻精产品上降低养殖户成本 25% 左右。

(6) 为养殖户提供建场或改造方案 合作社从事万头奶牛场建设 10 年有余,在牛场设计、设备使用、机械化管理等方面都有很丰富的经验。通过一年的管理经营发现奶牛场的场区厂房设计和使用与肉牛场具有很大的区别，如肉牛场不需要建设犊牛岛，肉牛犊牛不用进行精细化、系统化单独喂养，相对奶牛犊牛来说从设备上和人员上都可以降低成本。

3. 效益分析

（1）经济效益　通过牧繁农育项目集成示范推广，每头犊牛节约成本500元左右。饲草料实施按需分配、就近分配原则，全面采用机械化生产，降低每吨饲料的人工费用50元。合作社组织兽医团队进行防疫、治疗、人工输精巡回服务，搭建兽药使用平台，为养殖户降低开支25%左右。合作社引进良种冻精，加速改良现有肉牛品种，实施统一引进精液、统一配种并记入养殖档案，预计从人工和冻精产品上降低养殖户成本25%左右。合作社结合肉牛繁育习性和喂养管理经验对养殖户的犊牛产房进行改进，争取提高犊牛成活率达到95%。通过以上措施，预计为养殖户增加收入1 000元/头左右。

（2）社会效益　对养殖户、技术人员积极开展秸秆处理技术、青贮制作技术、饲草的科学种植技术等方面的培训，逐步提高广大养殖户对粗饲料处理、加工和利用的水平，提高粗饲料的利用率。

（3）生态效益　开展推广玉米秸秆打捆技术并进行统一配送，提高秸秆资源的饲料化比例，减少秸秆焚烧、降低污染。

4. 模式归纳总结　合作社以母牛养殖为主，通过"合作社＋农户"模式带动肉牛生产。合作社通过统一购种、统一养殖、统一防疫、统一出栏，提高母牛养殖效率。合作社充分利用扶贫资金，每户养殖户可以购买2头妊娠母牛，当年即可实现收益。

二、河北平泉市亿顺养殖专业合作社

(一) 企业简介

平泉市亿顺养殖专业合作社位于平泉市七沟镇七沟村，总占地26 000m²，主要从事肉羊杂交繁育、育肥生产、餐饮等方面的经营，同时带动周边农户养羊。合作社主要以小尾寒羊为母本，澳洲白绵羊和白头杜泊羊为父本杂交生产商品羊，通过育肥出栏进行屠宰，羊肉进入饭店实现利润转化。该合作社是集饲草利用、商品羊繁育、羊肉生产、羊肉加工、餐饮为一体的企业。

(二) 企业在养殖过程中存在的问题及其解决办法

1. 企业在肉羊选种选配上存在的问题及其解决办法

（1）种羊生产记录不清楚，预产期模糊，影响阶段化饲养管理　由于系谱记录不清楚，血统混乱，无法实施选种和选配，致使羊群质量差，生产性能低下。承德地区冬季温度较低，加之农户养殖经验不足，致使冬季的产羔死亡率高。由于没有专业技术人员管理，技术应用程度较低，母羊年产羔数平均为1.0左右，直接影响了产出效益。

解决办法：在牧繁农育项目专家组的指导下，合作社大力开展肉羊标准化养殖关键技术示范推广，在肉羊育种和母羊繁殖管理方面进行规范养殖。挑选200只基础母羊，10只公羊，组建基础母羊群。挑选符合品种特征的公羊进行培育，组建不同血系群体；

对核心群建立耳标档案，并给所有保种羊佩戴耳标，耳标标识由亿顺首字母"YS"＋"数字"构成，奇数代表公羊，偶数代表母羊，如公羊"YS001"，母羊"YS002"，核心群组建后新出生羔羊编为"YS＋出生年份＋公羊号＋数字"，如新出生羔羊"YS20003001"，代表 2020 年合作社繁殖的公羊 003 的后代 001 号公羊。建立独立的电子系谱档案，对所有基础母羊建立种羊卡片（表 2-2 和表 2-3）。所有基础羊群信息录入电脑管理，及时准确地统计羊群生产状况，做好繁殖记录，及时了解羊的发情配种情况，掌握羊群繁殖状况。做好配种记录、产羔记录、新生羔羊耳标记录、母羊产羔档案和配种档案。

表 2-2　种母羊卡片

羊号	品种		等级	出生日期		同胎只数
出生地点	父系		等级	母系		等级
	羊号	品种		羊号	品种	
繁殖记录						
胎次	日期	产羔只数	公	母	成活	死亡

表 2-3　种公羊卡片

羊号	品种		等级	出生日期		同胎只数
出生地点	父系		等级	母系		等级
	羊号	品种		羊号	品种	
配种记录						
年份	日期	产羔母羊数	公	母	成活	死亡

　　开展羔羊、青年羊、空怀母羊、妊娠母羊、哺乳母羊等不同阶段羊群监测，实现羊群个体全生命周期监测和特定类型羊群阶段化精准管理，并对羔羊断奶时间、青年母羊发情配种、青年后备公羊使用、产后母羊发情时间、种公羊和种母羊利用年限等技术指标制定标准，逐渐形成羔羊 2 月龄断奶、青年母羊 8～10 月龄配种，绵羊产后 2～3 月龄配种等标准化生产流程（图 2-20）。

　　羔羊出生后要根据配种记录和产羔记录确定母亲和父亲耳标，来编制羔羊耳标，以便从耳标就能知道羊的品系（品种）、血统等基本信息。羔羊在产羔羊舍哺乳 2～3 个月，即可断奶。母羊进入空怀羊舍，待其发情后配种，进入下一轮繁殖周期。羔羊进入青年羊舍，当羔羊长到 6～7 月龄时可进行种用评估，进而决定是否准备留种。种用评估主要从外貌特征是否符合品种要求，体格是否健壮，母羊是否符合种用母羊特征，公羊是否

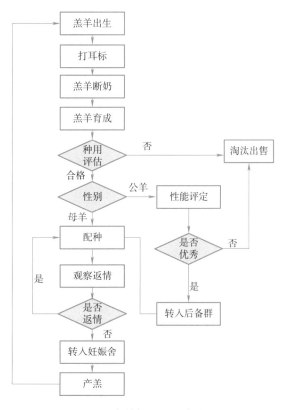

图 2-20 肉羊标准化生产流程

具有种用公羊特征等方面进行，还要查看其母亲和父亲的生产记录。随着分子标记选种技术的发展，有时还需要鉴定基因型等。根据上述资料来进行评估，当具备种用价值后，羔羊进入后备羊舍，为留种进一步选育。如不具备种用要求则进入育肥羊舍，或准备出售、淘汰。当后备母羊达到性成熟后，开始发情，进行配种，之后一个情期左右观察是否返情，如返情说明第一次配种没有妊娠，要等到下次发情再次配种，配种妊娠后开始进入第一轮繁殖周期，转入妊娠羊舍，临产前转入产羔羊舍。

（2）选种选育工作不完善，母羊生产效率低下，繁殖技术有待提高

解决办法：后备公羊要在性成熟时进行再次评估，调教其配种，观察其性欲是否旺盛，检查精液质量，评估合格后转入后备公羊群继续培育。一般公羊在 1.5 岁时开始参加配种，进入公羊使用周期。羊群结构管理主要是指要保持羊群能繁母羊、配种公羊、后备母羊、后备公羊、羔羊等不同年龄阶段的比例，一个好的羊群结构是保持较高生产性能的重要因素，一般公母比例为 1∶30，能繁母羊所占比例为 80％左右，后备母羊占 15％左右，成年可用公羊占 3％，后备公羊占 2％。合作社实施精准信息化管理，实现对全场羊群年龄的统计、羊群生产阶段的统计，既可以对生产数据进行及时准确的查询，又可以减少人力。

通过诱导产后母羊发情技术，促使非繁殖季节母羊产后 2～3 个月发情配种，基本做到两年三产；混群混养是传统养羊的特征，导致营养供给与日粮搭配不科学、系谱混乱、

生产效率低下等问题，通过研究建立一套阶段化精准饲养、日粮科学搭配的饲养技术体系，从而做到空怀母羊、妊娠母羊、哺乳母羊、育成羔羊、后备种羊、育肥羔羊等不同生理阶段的羊精准饲养。通过营养供给与阶段化饲养技术做到饲草供给与营养需要一致，并做到阶段化饲养与专业化生产，即建立母羊高效均衡繁育、饲草精准供给与科学搭配、羔羊快速育肥为主要特征的标准化生产关键技术体系。

牧繁农育项目专家组经过调研，针对合作社基础母羊产后发情间隔长、年产羔率低等问题，积极开展肉羊定时输精及羔羊培育关键技术示范推广，使用母羊同期发情-定时输精技术，控制产羔时期，避开冬季产羔，减少损失。此外，春季产后母羊发情间隔长是舍饲绵羊的普遍问题之一。因此，项目组专家建议合作社从产后母羊发情入手，采用人为调控技术，使母羊繁殖周期控制在 8 个月，即妊娠 5 个月、产后 3 个月发情配种，做到两年三产，进而避免秋季发情配种高峰、春季产羔高峰这样的传统繁殖规律，实现母羊全年均衡繁殖。

2. 企业在肉羊饲草料使用上存在的问题及其解决办法　合作社在养殖生产中存在饲料营养配方不科学，精饲料和粗饲料搭配比例不合理，精饲料饲喂量过高等饲料营养问题，造成了饲料浪费，导致营养失衡甚至营养代谢疾病等问题的发生。此外，合作社目前存在饲料较为单一，青贮成本高。合作社主要以玉米秸秆和黄贮为粗饲料，而玉米秸营养价值较低，很难保障足够的粗纤维含量，且玉米秸青贮成本约为 240 元/t，远远高于其他地区的黄贮价格。

解决办法：牧繁农育项目专家组建议合作社示范推广肉羊全混合颗粒饲料加工关键技术，根据肉羊不同阶段和生理特点，配制种母羊、种公羊、羔羊、育肥羊等不同生理阶段的精补料，并根据当地粗饲料资源，与花生秧、甘薯蔓、玉米秸秆等农作物秸秆混合后制作成全混合颗粒饲料。利用全混合颗粒饲料饲喂肉羊，可以有效防止羊挑食，同时有利于提高肉羊的饲料转化效率，增加生产效益。

3. 企业在肉羊日常管理中存在的问题及其解决办法　目前合作社对饲料原料缺乏长远计划，没有采购入库、使用出库等记录，缺乏对市场价格预判，导致饲料原料供应不稳定，生产管理混乱；对羊群整体存栏管理不精准，对基础母羊群、产羔数、育肥羊数、增减羊数等信息不了解，缺乏动态管理机制，导致羊群管理混乱。

解决办法：第一，适时开展肉羊数字化管理体系关键技术示范推广。在牧繁农育项目专家组的指导下，合作社引入肉羊电子耳标、智能手持机以及育种管理平台软件，对养殖场的各项档案信息进行采集。依据生产做好生产计划，做好动态管理。应制订羊群周转计划，且制订周转计划既要考虑气候条件，又要考虑牧草生长和饲草料供给情况。此外，还要考虑市场以及季节因素，将肉羊出栏时间控制在羊肉价格较高时，同时要考虑肉羊育肥增重效率。应做好饲料生产和供应计划，主要包括饲料定额、各种羊的日粮标准、饲料的种植及留用管理、青饲料生产及供应的组织、饲料采购与贮存、饲料加工配合等工作。第二，做好新生羔羊耳号编制记录，以及母羊产羔记录和断奶记录。实施周汇总、月汇报制度，随时掌握肉羊数量。对发情母羊的配种日期、预产期要做详细记录。第三，做好疫病防控计划。疫病防控计划应贯彻"预防为主、防治结合"的方针，要注意其综合性效果，主要内容包括定期消毒、驱虫、检疫、注射疫苗以及病羊的隔离与治疗等。第四，明确养殖场不同岗位的分工，建立场长、技术员、饲养员等不同岗位责任管理制度，明确不同岗位的职责和责任，建立奖惩制度，每年对各岗位进行考核，对工作业绩突出者进行奖励，对事故责任者进行惩戒。

（三）企业经营现状

1. 企业经营过程中遇到的问题及其解决思路

（1）养羊效益不高 亿顺养殖专业合作社所在的承德平泉市因地处偏僻，肉羊繁殖多以自然交配为主，且不重视选育，良种退化严重，商品肉羊与其他地区相比存在着生长缓慢、产羔率低的问题，造成养羊效益不高。该合作社大力推广肉羊人工授精和定时输精技术，通过引入杜泊羊、萨福克羊、道赛特羊等良种羊进行杂交改良，充分利用杂种优势，以提高肉羊良种化率和养殖效益。合作社的产业模式如图 2-21 所示。

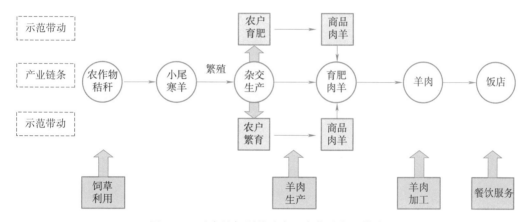

图 2-21 平泉县亿顺养殖专业合作社产业模式

（2）受季节影响明显 合作社生产的羊肉主要供应附近的餐饮企业，但随着天气转凉和游客减少，餐饮企业经营受到一定影响，从而影响合作社生产的羊肉销售。今后应加强羊肉产品加工和冷链物流等环节，同时加大宣传，打造绿色、高档羊肉品牌，充分发挥毗邻北京、天津的优势，争取在大中城市占据一定地位。

（3）招收专业技术人员难 平泉市亿顺养殖专业合作社地处河北北部，冬季气温寒冷，且交通不便，生活配套设施不健全，很多大中专毕业生不愿到合作社任职，造成技术人员匮乏。与其他养殖企业相似，该合作社也同样存在招工难的问题，尤其是缺乏懂技术、留得住的技术人员。合作社拟结合当地人才市场及省内大专院校人才市场，针对性引进相关技术人才；加大力度招收当地或周边的农民，对其进行培训后快速上岗。

（4）市场信息不畅通 受合作社自身诸多因素限制，不能及时收集客户及市场变化的信息，并做出及时的反映，即使能收集到信息，但对已有信息仍缺乏有效的分析整理，也不能及时做出有效应对。合作社拟建立现代统计监测预警体系，进行定点跟踪调查，做好产业趋势、供求变化和成本效益的分析预测，准确把握畜牧业生产的市场走势。

2. 企业与带动农牧户之间的利益链接机制工作情况

（1）生产紧密衔接　合作社给全镇养殖户建立养殖档案，及时掌握母羊配种、羔羊出生及公母羊出栏情况，组建繁育户和育肥户对接平台，争取做到镇内消化，剩余集中销售，争取每只羊节约成本 200 元左右；还可为全镇饲草分配和统一引种、统一销售提供真实可靠的数据资料。合作社组建兽医团队，搭建兽药使用平台，一些常用药品直接从厂家采购，力争降低养殖户开支 25% 左右。

（2）饲草供需链接　合作社撰写的《七沟镇秸秆回收再利用可行性分析》和《七沟镇秸秆回收再利用实施细则》通过平泉市政府会议。企业与七沟镇政府共同制定合作社秸秆饲草回收协议，实施按需分配、饲草有序合理就近分配原则，全面采用机械化生产，降低人工费用，节约饲料费用 50 元/t。

（3）技术推广对接　组织"农牧交错带牛羊牧繁农育关键技术集成示范"项目肉羊养殖培训班。由中国农业大学和河北农业大学组建的专家团队为养殖户们培训肉羊养殖理论知识和养殖场实操技术。通过培训让养殖户学习了解科学饲喂管理技术，控制成本，提高羔羊成活率。同时，推广同期发情-定时输精技术，实现批次化生产、均衡生产。

3. 效益分析

（1）经济效益　2019 年整体养羊效益较为可观，自繁自育绵羊羔羊按 15kg 计算，每只母羔价格为 500～550 元，每只公羔价格为 550～600 元，能繁母羊年平均赢利在 1 000 元/只左右，自繁自育绵羊年平均盈利在 500 元/只以上，育肥绵羊按 15kg 经 3 个月育肥到 45kg 出栏计算，平均盈利在 300 元/只以上。

（2）社会效益　以合作社为示范基地，为农民提供种羊，收购羔羊，为农民脱贫致富提供了重要载体，促进了农民就业和增收。

（3）生态效益　在我国农村，由于缺少有机肥而大量使用化肥会造成土壤板结和污染；同时农作物秸秆收割、运输困难，秸秆焚烧现象非常普遍，造成空气污染。合作社将玉米秸秆、花生秧等作为羊的饲料，减少秸秆焚烧、降低污染，可促进农牧一体化发展。

4. 模式归纳总结　平亿顺养殖专业合作社通过"合作社＋农户"模式带动肉羊生产，农户以借贷、租赁、政府补贴等形式从合作社购买种羊，通过农户繁育生产羔羊和育肥羊，合作社再以高于市场价收购农户育肥羊，进行屠宰加工，保障了屠宰加工的货源，建立了公司和农户利益联结、利润共享、风险共担机制，提高了农户养殖抗风险能力，实现了公司和农户双赢。

第六节　甘肃地区牛羊牧繁农育关键技术应用案例

一、甘肃张掖市祁连牧歌实业有限公司

(一) 企业简介

甘肃祁连牧歌实业有限公司（简称祁连牧歌）位于我国西门塔尔牛养殖大市张掖市的高新科技区，现有万亩饲草种植基地、万头智慧牧场、万吨冷链物流、万头牛羊定点屠宰深加工生产线，以及周边最大的活畜交易市场。祁连牧歌始终秉持人才强企战略，聘请中国农业大学、中国农业科学院专家进行指导，全面开展技术攻关和科技创新，研发建设了全围栏式智慧牧场，全套引进美国查韦斯、希悦尔等精深加工、分割包装生产线。公司现存栏肉牛品种以安格斯牛（60%）和西门塔尔牛（30%）为主，少量鲁安牛（10%），截至2020年6月，总存栏肉牛2万头。企业经营活动属于农育性质。

(二) 企业在养殖过程中存在的问题及其解决办法

1. 企业在肉牛选种选配上存在的问题及其解决办法　企业目前在肉牛选种选育过程中，优质品种的肉牛种类少，主要以西门塔尔公牛和安格斯公牛为主；而本地黄牛品种生长速度慢，胴体产肉率低；养殖成本高，经济效益低；肉牛养殖过程中易发生疾病，西门塔尔牛发病率和淘汰率远高于安格斯牛；人工授精等繁殖技术欠缺，致使肉牛繁殖率不高，产后易发生疾病，影响经济效益。

解决办法：针对肉牛品种少的问题，牧繁农育项目专家组建议对本土黄牛肉牛品种开展选种选育工作，引进国外优质冻精，进行杂交育种。同时，示范推广肉用繁殖母牛扩群增量关键技术，利用同期发情技术，调整母牛繁殖周期，联合使用人工授精技术和本交提高母牛受胎率。祁连牧歌引进的鲁安牛是由鲁西牛与安格斯牛杂交而来，在一定程度上具备了耐粗饲、肉质佳、生长快等优点，集合了安格斯牛和鲁西牛的特点，适合在本土推广养殖。在核心育种群的饲养上，企业积极推广肉用母牛体况评分技术，利用体况对繁殖母牛进行营养监控，做到适时分群，精准营养。

2. 企业在肉牛饲草料使用上存在的问题及其解决办法　①饲草料原料种类单一，粗饲料常使用玉米秸秆、麦草、苜蓿，精饲料常使用麸皮、豆粕、棉粕，且营养配方达不到肉牛各阶段生长需要的标准，造成出栏周期延长。②粗饲料利用不充分，造成浪费；粗饲料存放不合理，有发霉现象。③饲料配方不合理，在基本的营养成分如能量、蛋白质和钙、磷不足或不平衡的情况下，总是寄希望于饲料添加剂或增重剂能大幅度地提高肉牛的生产效率。④养殖技术含量不高，在饲草、营养方面，补饲、青贮、氨化和非蛋白氮使用等技术远未普及推广，更没有针对饲养环境和饲料原料设计合理、经济、高效的饲料配方与补饲饲料，饲料营养水平未达到肉牛生理需要，饲料转化效率低，饲料成

本持续增加，严重制约着肉牛养殖效益。

解决办法：利用肉牛育肥关键技术，根据肉牛不同生长阶段的营养需要量，合理搭配饲草料。技术推广过程中，向养殖场户普及不同饲草料营养特性，培训使用不同饲料原料制作肉牛育肥期日粮的方法。牧繁农育项目专家组调研后发现，当地有较为丰富的糟渣类饲料资源，因此建议企业进行全株玉米青贮加酒糟饲喂肉牛关键技术示范推广，开展非常规饲料资源营养价值评定工作，检测包括啤酒糟、白酒糟、豆腐渣、淀粉渣在内的 20 余种饲料原料；同时建议企业使用生物发酵技术，提高糟渣类饲料的饲用品质。

3. 企业在畜舍设计建造方面存在的问题及其解决办法

（1）养殖模式需要改进　在企业成立初期，圈养和拴系的养殖方式曾被作为主要养殖方式。但经过多年饲养发现，圈养和拴系会提高牛发生疾病的概率。改变养殖模式成为企业的重点工作。

解决办法：采用围栏养殖技术（图 2-22），夏季需要给牛搭建遮阳网，冬季拆除遮阳网，这种养殖模式不但可以降低前期投入成本，还可以让牛自由运动、自由采食、自由饮水、光照充足，使牛远离阴暗潮湿的环境。根据对比试验，牛在围栏养殖模式下（饮用温水）的日增重比舍饲提高 0.36kg。但需要注意的是，要控制围栏中牛的数量，不能过密，要保证牛不会拥挤，否则会影响牛的生产性能，引起疾病。

图 2-22　围栏养殖育肥肉牛

（2）缺少隔离圈舍　由于牛场前期建设没有考虑隔离圈舍，在生产过程中造成了肉牛疫病防疫的风险。

解决办法：在修建圈舍时，参考国家标准及行业标准，做好对牛场的整体规划，修建隔离圈舍，并与正常圈舍间隔标准距离，为生产管理的便利奠定基础。由于当地风多，所以用挡风墙代替土砖墙。中国农业大学刘继军教授参与挡风墙设计，参考了张掖市 20 年的气候资料，保证了肉牛在极寒天气下的抗风抗冻能力。

（3）场区扩建迫在眉睫　场区扩建方向需要进行规划和认真考虑。

解决办法：在建设畜舍时请设计师精心设计，保证合理利用土地资源，合理降低生产成本。参考环境卫生标准，综合考虑肉牛养殖相关的要求和标准，慎重选择建场地。所选场址要远离居住区，选址时要留有扩充的空间，建筑物远离高压线等设施。据此，公司选址于张掖西 20km 左右的郑家庄，213 省道北侧，牛场距马路预留 2.5km 缓冲区域，建立办公大楼和屠宰深加工车间，不仅交通便利，而且充分考虑了相关政策规定。

（4）缺少预防肉牛运输应激的措施

解决办法：针对远距离运输易造成肉牛应激的情况，在牛到场后应做好准备，提前将圈舍消毒、通风，保证圈舍干燥舒适。

（5）无害化处理设施设备不健全

解决办法：因养殖业的特殊性，牛粪便必须进行无害化处理，祁连牧歌也进行了相关设备的建设。这些设备投产后，有机肥的生产将会消耗大量牛粪，实现变废为宝，提高牛场效益。

（6）饲草料贮存场地空间不足

解决办法：肉牛饲养量大，会面临饲料供应的季节性紧张，如不做好规划，临时购买则会增加成本。公司拟建立大型粗饲料贮存场地，在应季时合理采购储存饲草料，避免饲草料涨价时再行购买而造成的经济负担。

（三）企业经营现状

1. 企业经营过程中遇到的问题及其解决思路

（1）原料采购问题　张掖市近些年养殖户破产增多，基础母牛及架子牛牛源不足，西门塔尔牛品质下降，且牛价虚高。该公司拟建立一个"扶贫代养"机制，与养殖户结成联合体，请他们到公司的万头牛场来进行养殖，统一采购架子牛和原料，由公司提供技术服务和机械设备，按市场价格全数回购养殖户的牛并为养殖户提供银行金融担保和过桥资金，保证养殖户的利益和效益。

（2）冷链运输问题　目前祁连牧歌销往华东、华南、华北地区的冷链车需要2~3次的转运，这不仅使优质产品到达终端时的微生物指数与其他厂家的中等产品相同，没有充分发挥自身产品优势，更是占用了宝贵的货架期（国家标准货架期45d，该公司产品运输有时需要10d，生产和销售期仅剩约30d），而且运输价格很高，每千克牛肉2~3元。公司拟整合冷链物流，增加冷链物流车队规模，结合航空公司的运输网络，降低产品的运输时间，延长货架期。

（3）招工问题　由于公司各项业务发展较快，各部门均缺少工作人员。公司拟通过当地人才市场，针对性引进相关岗位的人才；加大力度招收当地或周边的农民，对其进行培训后可进入生产线。

此外，由于活畜交易市场原址达不到相关法规要求，所以公司拟建设一个现代化的活畜交易中心。公司设有万头牛羊定点屠宰深加工生产线，为鼓励养殖户在公司的生产线屠宰，拟给予每千克牛肉0.5元的补助资金，以促进屠宰加工车间对本地养殖户的服务，发挥龙头企业的作用。

2. 企业与带动农牧户之间的利益链接机制工作情况　公司与当地养殖户建立一对一的联系机制。每月对当地养殖户进行技术服务，在现场及时发现问题并就地解决，未能解决的问题将通过与相关专家沟通，寻求最优解决办法，切实为养殖户带来帮助和指导。同时，定期举办肉牛养殖技术培训班，从各大高校和科研院所聘请专家为养殖户进行培训，收到了良好的效果。对优质的养殖户，公司也会请他们参加在国内举办的肉牛养殖相关培训会议，提高其肉牛养殖水平。

公司与养殖户签订预购订单，在养殖户购入犊牛或架子牛时，通过企业的评价标准后，会与其签订预购订单，待牛生长到一定年龄，达到收购标准，公司会按照约定价格收购肉牛，为养殖户解决后顾之忧。

公司也为养殖户提供相应的饲料，如与企业签订预购订单或协议，公司会对购买的饲料实行价格优惠，具体按照购买数量来计算，不仅可为养殖户提供全价优质饲料，也可为养殖户降低养殖成本，并结合技术服务，为养殖户提供全套的营养方案，为养殖户生产放心肉、优质肉奠定了基础。

公司设置了肉牛托管项目，养殖户可将自家的牛托管给公司。托管前，公司对牛进行检疫，达到标准的牛可进入托管场进行饲养。公司为托管牛免疫，并提供与本公司肉牛养殖相应的饲养管理措施。托管牛在屠宰后按照牛肉等级进行收购，扣除托管费用后，将盈利部分返还养殖户，构筑托管循环链，切实带动当地养殖户增产增收。

活畜交易市场向当地养殖户开放。企业的技术人员免费为养殖户的牛进行评定，并推荐买家，对交易数量多的养殖户，提供优惠政策，如降低场地收费等，为养殖户顺利出售肉牛提供便利。

养殖户的牛也可在公司的屠宰加工车间进行屠宰，公司会按照牛肉等级进行收购。

3. 效益分析

（1）**经济效益** 祁连牧歌成立 3 年以来，平均每年向市场提供交易肉牛 8 000 头。通过肉牛育肥养殖、繁殖母牛推广，结合张掖市地域优势、品种优势，针对全国进行优良牛源推广贸易。现公司年存栏肉牛 1.5 万头，育肥肉牛出栏 2.8 万头，每头出栏牛平均体重 700kg，出栏价格 33 元/kg，毛利润 1 920 元/头，折旧费用 300 元/头，资金费用 150 元/头，管理费用 120 元/头，净利润 1 350 元/头，年利润 3 780 万元；其他牛年出栏 1 万头，每头净利润 500 元，年利润 500 万，总计年利润 4 280 万。公司凭借良好的产业基础，在自身持续发展的同时，带动广大农户发展养殖业，直接带动张掖周边 5 000 多户养殖及种植户共同发展，年转化玉米秸秆超过 5 万 t，农民通过养牛年平均增收 1 万元以上。

（2）**社会效益** 企业借助牧繁农育项目，与张掖市内 160 多家养殖大户合作，直接带动 2 万多户养殖及种植户共同发展，增加就业岗位 1 000 多个，为当地扶贫工作的顺利开展贡献了力量。

（3）**生态效益** 企业积极发挥龙头带动作用，推进当地玉米秸秆的收购工作，年转化玉米秸秆超过 5 万 t，不仅为当地农户增收，同时减少了 80% 的秸秆焚烧，降低了空气污染，推动了当地的环境保护工作，使碳排放进一步降低。

4. 模式归纳总结 企业形成了集饲草种植、肉牛养殖、活畜交易、屠宰加工、冷链运输、市场销售为一体的现代化全产业链模式，构建了线上线下全网营销体系。"机械化、智能化、自动化、牛性化"成为企业所属养殖场的四大特色。

二、甘肃庆阳市中盛华美羊产业发展有限公司

（一）企业简介

甘肃中盛华美羊产业发展有限公司（简称中盛华美）位于农牧交错带甘肃省庆阳市西峰区工业园区内，占地 28hm²，总建筑面积 3.44 万 m²。近年来公司在当地政府及相关部门的大力支持及领导下，依托"331＋"肉羊产业扶贫模式，组建发展"龙头企业＋合

作社＋贫困户"的三方产业联合体，带动合作社、贫困户种植饲草、发展规模养殖，多渠道增加收益。

2019 年，中盛华美入选国家肉羊核心育种场，为促进育种工作，制定了《湖羊提纯复壮培育工作中长期实施规划（2016—2030 年)》，从肉羊生长发育性状、繁殖性状、育肥性状、胴体及肉质性状等多方面开展湖羊生产性能测定，并制定了相应的肉羊生产性能测定标准和技术方法，同时依据母羊体况评分技术及表型测定等开展传统选育工作。为进一步推动产学研协同发展，公司与中国农业科学院北京畜牧兽医研究所（以下简称牧医所）签订了技术合作协议，组建肉羊育种核心技术团队，并在中盛华美设立中国农业科学院北京畜牧兽医研究所科研基地。双方在湖羊育种、生产和产业扶贫方面开展深度合作，以共同打造湖羊高效育种和养殖技术平台为目标，探讨利用全基因组选择育种技术进行湖羊种群的选育与优化，研发湖羊高效养殖实用技术，在中盛华美进行技术集成应用并取得良好进展。

（二）企业在养殖过程中存在的问题及其解决办法

1. 企业在肉羊选种选配上存在的问题及其解决办法 存在近亲交配的隐患。中盛华美以湖羊养殖为主，开展本品种选育提高，即在品种内部通过优化核心群、选优淘劣、精心选配、品系繁育、改善培养条件等措施，逐步提高本品种生产水平。在此育种模式下如果不进行严格的选配很容易造成近亲隐患。近亲交配容易使不良基因出现纯合，使肉羊发生遗传疾患和生产性能下降，如繁殖力减退、死胎、畸形胎、泌乳量下降、适应性差、生长缓慢等。

解决办法：第一，使用现代化繁育技术。为了达到规模化、集约化生产的目的，加速品种改良，现代育种与繁殖技术的有效利用必不可少。在牧繁农育项目专家组的指导下，进行肉用母羊定时输精关键技术的示范推广，生产过程中使用同期发情技术和人工授精。在没有做任何发情处理措施的基础上，通过试情公羊试情的办法找出发情母羊，每天平均配种数可达 45 只以上，每只公羊精液稀释后可配 15～20 只母羊。定时输精方法一方面能提高母羊配种数量，大幅度地提高优秀种公羊的配种效率（表 2-4)，使优秀种公羊及其个体优良性状得到充分利用，加快品种改良和选育的进程；另一方面能够防止疾病传播，及时发现和治疗难孕母羊，淘汰不孕母羊，降低空怀率，降低成本。最重要的是，对于规模化羊场来说，人工授精技术能够实现优选优配、集中配种、精细分群、集中产羔，实现批次化管理，利于全进全出的生产模式，做到全年均衡持续产羔，避免生产高峰和低谷，打破肉羊出栏的季节性限制。第二，使用现代分子生物学技术，规范系谱，科学配种。在牧繁农育项目专家组指导下，示范推广母羊标准化养殖关键技术，采集场内 33 只湖羊种公羊的血样，提取 DNA，选择 9 个在湖羊上具有多态性的微卫星，使用 Popgene 软件计算出每只羊每个微卫星位点上的基因频率和不同羊间的遗传距离，并依据遗传距离将原有的 8 个家系划分为 6 个家系。此项工作总结出一套适合湖羊家系划分的方法，通过将家系重新划分有利于开展进一步的选育工作。通过核心群的选育和组建，产羔率、多羔率、健羔率、初生重、断奶重等各项指标都有明显提升（表 2-5)。

表 2-4　不同配种方式受胎率对比

配种方式	总配种数（只）	受胎数（只）	受胎率（%）
人工授精	1 328	1 038	78.2
自然交配	425	363	85.4

表 2-5　核心群与生产群羔羊初生重、断奶重对比

时间	产羔率（%）	出生均重（kg）	断奶均重（kg）	净增重（kg）
2019 年	221.74%	3.91♂	14.75♂	10.84♂
		3.67♀	13.61♀	9.94♀
2018 年	207.86%	3.78♂	13.40♂	9.62♂
		3.46♀	12.30♀	8.84♀

2. 企业在肉羊饲草料使用上存在的问题及其解决办法

（1）饲料原料品种单一　粗饲料以青贮、苜蓿为主，精饲料仅以玉米、豆粕为主，不能按营养标准制定不同的饲料配方，能量与蛋白质摄入不均衡，微量元素摄入不足，营养代谢病时有发生，严重影响生产。

解决办法：羊的食谱广泛，可利用的饲料资源丰富，对饲喂单一饲草料最易感到厌腻。牧繁农育项目专家组示范推广区域性非常规饲料资源肉羊利用关键技术，肉羊育肥过程中除优质牧草和青贮外，宜选择利用当地廉价易得的玉米秸秆、麦秸、谷草等粗饲料以降低成本；在精饲料方面，可选用棉粕、葵花饼、胡麻饼、尿素等替代豆粕，增加谷糠、麸皮、糟渣等丰富精饲料。饲料成分的多元化、多样化可保证各种营养的供给，也使得饲料配比时各营养成分得以均衡。

（2）饲料加工调制方法不当，造成饲料利用率降低　如玉米因粉碎过细不能过瘤胃，不但造成营养浪费，而且更容易在瘤胃发酵，降低瘤胃 pH，造成代谢负担；微量添加剂添加方法不当导致混合不均匀；TMR 设备使用率不高，部分羊仍处于精粗分饲的模式，导致羊瘤胃内环境不稳定，饲料利用率下降。此外，青贮管理不到位，青贮存在霉变发热、品质降低的现象（图 2-23），饲喂不当容易引起羊群疾病。

解决办法：根据肉牛颗粒饲料加工关键技术的需求，饲料调制应遵循羊的消化特点，玉米、豆粕等不应粉碎过细，可使用压片或者破碎的工艺，不仅能够降低加工成本，还能够减少精饲料在瘤胃的发酵，提高过瘤胃率，降低代谢疾病的发生风险。秸秆切碎至 2～3cm，TMR 调制时加入适量清水，以保证 TMR 日粮水分和改善适口性，TMR 的水分应控制在 40% 左右。

3. 企业在肉羊日常管理中存在的问题及其解决办法　母羊的饲养管理和羔羊的护理存在问题较为突出，导致母羊产前产后疾病频发，以及羔羊成活率降低、生长发育受阻等不良后果。

解决办法：第一，为了能够达到母羊的精细化管理，保证母羊在不同阶段的营养供给，企业开展母羊体况评分系统和标准化养殖关键技术示范推广，针对母羊繁殖管理、肉羊饲养管理等方面建立了切实可行的技术规范。采用了母羊早期妊娠诊断技术、早期多胎诊断技术、母羊分阶段营养控制及羔羊早期补饲和早期断奶技术。第二，早期妊娠

图 2-23 青贮饲料的取用方法不当造成青贮霉变和浪费

诊断技术是在母羊配种 25d 后进行 B 超妊娠检查，将妊娠母羊及失配母羊及早分群，调整营养。早期多胎诊断技术是指在配种后 50d 使用多胎检测仪对母羊进行多胎诊断（图 2-24），将怀单羔母羊、双羔母羊以及三羔以上母羊进行分群，给予不同的营养标准，以防多胎羊因营养不良而瘫痪、流产、死胎等。母羊批次化分阶段营养控制是根据母羊的配种时间以及妊娠诊断结果将母羊划分为不同批次，根据该批次的配种日龄划分生产阶段，从而达到精准营养的目的。第三，羔羊阶段是生长发育强度最大、最难饲养的一个阶段，稍有疏忽就会影响羊的发育和体质，还会造成发病率和死亡率升高，给养殖场带来严重的经济损失。在牧繁农育项目专家组指导下，企业开展羔羊培育关键技术的示范推广，羔羊出生后在 2h 内务必要让其吃足初乳，初乳中含有完整的抗体蛋白大分子，可以使羔羊的体质强健，减少疾病

图 2-24 母羊妊娠 50d 进行多胎检查

的发生，也决定着羔羊后期的生长发育；在羔羊出生后 7～10d 开始训练其吃草、吃开食料，并使其自由采食青干草，精饲料要控制喂量。一般半月龄的羔羊补饲精饲料量为 50～80g，1～2 月龄为 100～120g，2～3 月龄 200g，3～4 月龄 250g。

4. 企业在畜舍设计建造方面存在的问题及其解决办法 存在羊舍密闭，环境条件不佳的问题。羊具有喜干怕湿热的特性，羊舍内温度以 5～25℃ 为宜，冬季羊舍保温措施不到位，羊能量消耗增加，料重比降低，羔羊成活率下降；而夏季高温容易导致羊热应激、免疫力降低、生产性能下降等现象。羊舍内相对湿度以 55%～60% 为宜，干燥的环境对羊的生产和健康较为有利，潮湿环境利于细菌等微生物繁殖，羊容易患疥癣、湿疹、腐蹄病以及呼吸道疾病等。在高温高湿条件下，羊的健康度、日增重和饲料利用率都明显下降。对于封闭羊舍，有害气体尤其是氨气和硫化氢等在羊舍内浓度过高会易引起羊群

慢性中毒，诱发结膜炎、肺炎等疾病，造成严重的损失。

解决办法：加强通风是排湿降温的有效途径。在屋顶安装无动力风机，墙脚安装排风扇，夏季勤开门窗，随时保持舍内地面干燥，加强舍内通风换气。冬季通风不利于保温，但通风不足又容易引起舍内空气污浊，所以要保持羊舍通风合理，一般冬季气流应控制在 0.1～0.2m/s，夏季控制在 0.3～1m/s。在冬季羊舍温度低于 5℃时需要采取供暖措施，如在羊舍内架设火炉或使用暖气供暖（图 2-25）。羊粪及饲料残渣发酵分解是有害气体的主要来源，羊场清粪采取干清粪的方式。人工清粪劳动力成本高，清粪效率较低；而采用往复式刮板清粪，大大提高了清粪效率，极大地减少了粪便产生的有害气体在圈舍中的滞留量。

图 2-25　羊舍通风和供暖设施

（三）企业经营现状

1. 企业经营过程中遇到的问题及其解决思路　中盛华美依托庆阳地区适合湖羊养殖的地域优势，投资草畜产业，带动贫困群众增收。2016 年启动湖羊全产业链建设项目，建成种羊繁育场 10 个；2017 年建成 100 万只肉羊屠宰加工生产线；2019 年建成 15 万只烫毛羊生产线；2020 年实施的 12 万 t 反刍饲料厂即将建成。从饲料加工、饲养管理、种羊繁育、育肥生产、屠宰加工、品牌塑造等重点环节入手，着力打造肉羊全产业可持续发展产业链。企业在快速全面发展的过程中存在以下问题：

（1）企业发展太快，技术人才储备不足　中盛华美发展迅速，建有 10 个万只规模场及 400 多个养殖合作社，因此存在技术人员稀缺、专业知识不足、管理水平低等问题。

解决思路：针对上述问题，企业采取"两条腿走路"，一方面加强与畜牧专业高校合作，积极吸纳相关专业毕业生就业；另一方面成立湖羊养殖技术培训学校，广泛吸收社会有志青年进行专业培训，为各个岗位培养储备人才。此外，企业为员工提供学校深造机会，开发"中盛大学堂"线上学习APP供员工自主学习，提升员工综合素养，定期组织技术员前往优秀企业参观学习，加强专业业务能力。

（2）**人才流失严重，基层工作人员不稳定**　相比其他行业，养殖场大多环境恶劣、劳动强度较大，加之人们对生活品质的追求越来越高，人心浮躁，人员极易流失。近两年养殖业崛起迅速，企业间争抢人力资源，招揽人才困难，留住人才更难。人才流失对于企业来说，要负担新招员工因生产效率低下而损失的成本，还要承担对新员工培训的成本，给企业带来表面和潜在的双重损失。

解决思路：一方面公司加强对员工的福利待遇，改善员工的后勤服务，优化住宿和伙食条件；加强与员工的沟通，帮助员工进行职业规划，解决员工后顾之忧；加强企业文化教育，增强员工的归属感和责任感；积极组织团建活动，增强员工的集团荣誉感，从而减少人员流失。另一方面公司逐渐完善人事管理体系，积极培育和储备人才以应对人才流失造成的管理脱节、产能下降等问题。

（3）**缺乏质量把控和风险规避措施**　中盛华美养殖规模大，养殖点分散，所用兽药、疫苗、饲草料等生产资料均为集团采购、统一供应，一旦生产过程或采购质量不合格将对企业带来巨大损失。

解决思路：公司成立了专门的监测部门，分为生物安全控制和饲草料质量监测两个部门，定期对各生产单位的生产经营情况进行评估，及时纠正问题；定期对各生产单位进行疫病监测，降低疫病发生；对所采购的兽药、饲草料等严格检测，质量合格方可准许入场；对各场所饲喂日粮定期检测，确保各场所饲日粮配比合理、满足羊的营养需求。通过以上措施以保障企业生物安全、用药安全、饲料安全、营养安全。

2. 企业与带动农牧户之间的利益链接机制工作情况　中盛华美采用"331＋"产业扶贫模式，让群众通过劳动获得收入，在产业链上实现增收。按照全产业链、全循环链、全价值链模式，中盛华美着力在"种养加销"上下功夫，全力拓展五个链条，带动48 194户建档立卡贫困户加入农民专业合作社，实现产业年收入5 021万元，年人均增收1 285元；带动38 246户贫困户自主养羊，户年均增收16 403元。

（1）**饲草料种植链**　随着养羊规模的扩大，中盛华美对玉米、苜蓿等饲料的需求量猛增。过去农民种玉米，除去种子、化肥、农药等，每公顷实际收入不足7 500元。现在改种青贮玉米，中盛华美连杆带棒一起收，而且每吨高出市场价150元，这样农民种玉米每公顷收入达到18 000多元。苜蓿一年可以收三茬，农民种一公顷苜蓿年收入约19 500元。

（2）**羊养殖链**　这是整个产业链上的重点环节，进入这个环节的有三部分人。第一部分是到中盛华美各羊场当工人。中盛华美现有羊场13个、合作社175个，到羊场当工人的贫困户共600多人。这一部分人进场后年固定收入在4万元以上，而且每年都会增加。进场一年就能使家庭脱贫。第二部分是参加养殖合作社的贫困户。目前，庆阳共有养殖合作社3 104个，其中养羊合作社1 670个。环县、镇原两个深度贫困县704个。农民加入合作社，一起开展养殖，共享产业红利。第三部分是养羊的个体农户。他们在中盛华美的指导下，由公司提供妊娠母羊和羔羊，一家一户养殖，公司负责销售。这样的农户在庆阳有 7 506 户。

（3）屠宰加工链 中盛华美建了两条肉羊屠宰线，每年加工肉羊 30 万只，后续将增加到 100 万只。屠宰加工共吸纳 1 200 人就业。

（4）冷链物流链 由农民成立运输车队，负责鸡肉、羊肉运输。目前，参与中盛华美冷链物流的有 280 多台车，从业人员 580 人，年增加收入 4 000 万元，人均 10 万元以上。随着中盛华美养羊规模的扩大，冷链物流所需人员还要增加，未来将达 1 000 人以上。

（5）肥料加工链 中盛华美在庆阳养羊后，当地政府决定大力发展苹果产业，提出"远抓苹果近抓羊，南部苹果北部羊"的发展思路。公司每年产生的 20 万 t 羊粪肥，是改良土壤结构、提高苹果产量的优质有机肥料，可满足 1 000 多户果农有机肥的需要量，每公顷增加收入 45 000 元，户均减少化肥支出 1 800 元。通过产业链条的延伸、生产环节的增加，实现产品溢价增值、公司持续盈利、农户稳步增收。

3. 效益分析

（1）经济效益 通过标准化圈舍建造、科学防疫、分群饲喂、精准营养、人工授精和 TMR 饲喂等技术的应用，湖羊成年母羊每胎平均产羔率 221.74% 以上，成活率达 97% 以上，年平均产羔 3.5 只；羔羊初生重 3.91kg、45d 断奶均重 14.75kg、80 日龄公羔均重 24kg、母羔均重 21.5kg、5 月龄公羔均重 42.5kg、母羔均重 37.5kg，各项性能指标均高于行业平均水平。按照年出栏 8 万只种羊及肉羊，育成母羊按每只 1 800 元、肉羊按每只 1 150 元、种公羊按每只 3 800 元计算，年总产值可达 1.3 亿元，养殖利润实现 4 000 万元。按每只羊年产羊粪 500kg 计算，4 万 t 有机肥按每吨 320 元计算可收益 1 280 万元；50t 羊毛按每千克 15 元计算可收益 75 万元；全年可实现利润 5 355 万元。

（2）社会效益 中盛华美自成立以来，致力打造庆阳地区湖羊产业，实现种养一体、农牧互补、循环发展，已形成从饲草种植、精饲料加工、肉羊养殖、定点屠宰、精深加工、冷链物流、终端销售到网络交易的全产业链，生产岗位越拓越宽，贫困群众就业机会越来越多，企业内直接提供就业岗位 4 600 多个，吸纳 2 872 名贫困劳动力和 272 名贫困家庭大学生就业，月工资分别达到 3 500 元和 4 500 元以上。通过带动上下游产业发展，间接带动 30 多万群众实现就业，年均收入 4 万元以上。就业 1 人便可脱贫 1 户，可带动 5 万多个贫困家庭脱贫致富。

（3）生态效益 湖羊产业的发展，不仅促进了退耕还林（草）政策的有效实施，牧草的种植符合国家"粮改饲"战略调整政策。以羊为载体，引导农民改变种植品种，提高了单位面积产量，促进种植业结构的调整；农作物秸秆过腹还田延长了生物链，为政府找到了解决农村玉米秸秆等资源化利用的途径，给农民增加了收入，实现农产品资源利用最大化。同时还促进了生态农业发展，推广"养羊—有机肥—种植牧草—回收秸秆—养羊"生态养羊模式，走种养结合发展之路，发展生态养羊产业，探索生态农业发展新模式，实现农牧业健康发展。

4. 模式归纳总结 中盛华美依托庆阳区位和资源优势，以肉羊产业为核心，推行"种草—养羊—肉类深加工—粪便加工有机肥—有机肥进果园"的循环发展模式，形成"上下游融会贯通、农工商无缝对接、农产品高附加值"的现代农业产业体系，助推庆阳农业全环节升级、全链条增值、全循环发展。集聚优质资源、整合投入要素，不断优化带贫机制，形成了"企业＋合作社＋农户"产业扶贫模式。中盛华美作为龙头企业，主要提供资金、人才、管理、技术、保护价收购等服务，合作社和贫困户只负责按合同标准养好羊，不承担市场风险。这种模式既是一种紧密的利益联合体，又是有自主权的独立经营单位；既实现了中盛华美参与式扶贫的目标，又发挥了政府、合作社、农户各方面的积极性。

三、甘肃临夏州八坊牧业科技有限公司

（一）企业简介

八坊牧业科技有限公司位于临夏州枹罕镇，占地 42hm²，为甘肃清河源清真食品股份有限公司的全资子公司之一。公司依托甘南藏族自治州牧区和临夏回族自治州半农半牧区丰富的家畜、饲草资源，以肉牛饲养、繁育及牦牛快速育肥为基础，进行全产业链开发。公司采用"种养加"于一体的循环经济科学发展模式，带动周边农户发展草食畜牧业循环经济，基地进行优质犊牛繁育、农户肉牛饲养、基地收购的方式，不仅给公司创造了效益，同时也给周边农民生产生活提供了极大的便利，为精准扶贫工作做出自己应有的贡献。

（二）企业在养殖过程中存在的问题及其解决办法

1. 企业在肉牛饲草料使用上存在的问题及其解决办法　存在饲草料资源缺乏的问题。临夏州是全国主要的少数民族聚居区之一，地处黄土高原与青藏高原过渡的农牧交错带。自古以来，多民族聚居，素重牧养，畜牧养殖蔚然成风。但是临夏州的饲草料生产现状是长期依附于种植业，发展缓慢。粮食生产的丰歉决定着饲草料的多少。突出表现是质量不高、分布不均匀、利用不合理。而饲草料供给现状是粮饲共用，人畜争粮。突出表现是对现有秸秆饲料的利用比较传统，科学加工技术单一量少，秸秆饲料的科学利用率低，资源浪费严重，畜牧业增效增收的空间受到制约。特别是受传统的农业生产体制和小农经济意识的影响与束缚，适应性强的高产丰产的饲料作物新品种和加工利用技术推广不够，极大地限制了饲草品质和产量的提高，有限的秸秆资源浪费比较严重。

解决办法：近几年，随着农村经济结构的不断调整，政府深化对州情的认识，把畜牧业作为促进农村特色经济战略的支柱产业之首来抓，扶持政策日益完善，推动措施有效得力。企业在牧繁农育项目专家组的建议下，示范推广全株玉米青贮加酒糟饲喂肉牛关键技术，把玉米秸秆饲料化利用工作作为公司工作的重点来安排部署，做大做强肉牛养殖产业，积极推进以发展优质、高产、高效、生态、安全农业为核心的现代农业为目标，把肉牛养殖业作为助农增收的助推器，重视和加强饲草料特别是玉米秸秆和非常规饲料的开发与应用。由牧繁农育项目专家组培训普及饲用玉米种植、玉米秸秆饲料化利用及有关畜牧实用技术，并对传统的秸秆利用方式进行改造升级。引进、示范推广饲用玉米新品种，筛选适合当地生产条件与耕作方式的饲用玉米品种。以饲用玉米新品种应用为重点，为养殖者提供玉米种植、秸秆收贮与养殖等技术服务，因地制宜地建立示范

区，以示范促应用，逐步达到辐射带动、整体应用的目标。推动提高肉牛养殖的生产经营水平，有效拉动农民增收和畜牧业增效。

2. 企业在肉牛日常管理中存在的问题及其解决办法　目前企业的肉牛养殖管理有待加强。在市场收购的肉牛牦牛，同批次都在一起育肥，不分性别、体重大小进行自由采食，牛出栏也采取同批同时出栏模式；圈舍卫生条件不容乐观，圈舍堆积杂物，粪污不能定期清理，冬季牛缺少垫草；食槽和水槽未分开，易造成剩余饲草料发霉变质。

解决办法：利用牧繁农育项目实施过程中集成的肉牛育肥关键技术，调整企业肉牛饲养过程。第一，饲养过程中要根据肉牛的性别、大小进行分群，不能够采取大群混养，注意确保每头牛能够自由转身。肉牛要采取单槽喂养，且在每天采食结束后要将饲槽清理干净；每天进行2次清粪，尽可能保持舍内干燥卫生；肉牛体表每天刷拭1次，既能够保持卫生，还能够加速血液循环，增强肉牛食欲。一般来说，可在每天肉牛采食过程中进行粪便清理，既不会对其休息造成影响，还便于进行操作。如果牛场条件较好，可在牛床上铺加垫草垫料，为其创造舒适温暖的休息环境。另外，要对牛舍进行适当通风换气，从而降低舍内有害气体浓度，并更换比较新鲜的空气，同时还能够将空气中的大量水汽带走，从而保持舍内空气干燥。一般选择在晴朗的中午将牛舍通风口打开进行通风，也可以定期将风机打开进行机械通风。牛舍要定期进行消毒，一般每周进行1次消毒，全场要确保每月进行1次消毒，注意要选择使用无刺激性、无腐蚀性的消毒剂，并要采取交替使用，从而保证消毒效果良好。第二，适量运动可增强牛群体质，达到强筋骨、健肢蹄的目的，有效预控疾病的发生。运动的同时，还要晒足太阳。经紫外线照射，可刺激体内维生素 D_3 的生产，有利于钙质和磷元素的沉积。第三，冬季育肥要注意保暖，室内温度控制在5℃以上。温度不能过低，过低会导致牛体消耗热量过多，增加养殖成本。夏季育肥，注意通风，温度控制在15~25℃。温度过高会导致牛体代谢抑制，降低食欲，最终影响育肥效果。第四，当肉牛肌肉丰满、结实，体表皮毛光亮，腰背肌肉明显隆起且比脊骨高、形成背槽，同时臀部肌肉也丰满并呈圆形时，说明可以出栏或者出售。注意肉牛屠宰前一天只能供给饮水，不能供给饲料，使其处于绝食状态，从而有利于放血，保证牛肉品质优良。

（三）企业经营现状

1. 企业经营过程中遇到的问题及其解决思路

（1）**肉牛养殖成本增加**　畜产品市场价格波动频繁，肉牛养殖成本增加，对行业发展的冲击和影响很大。能源价格攀升，农村劳动力成本、交通运输成本等显著增加，加之公司缺乏高水平的经营管理人员，在生产上重数量、轻质量，影响了畜产品的质量和效益，这些都给公司的发展带来重压。公司计划进一步引进肉牛养殖技术和经营管理人才，进行精细化管理，减低养殖成本，实现节本增效。

（2）**资金和用地受到制约**　临夏州属于深度贫困地区，缺乏畜牧业财政扶持资金，农民自筹投入资金困难，且贷款门槛高、利率高、额度小、周期短，与畜牧业发展不相适应。规模养殖用地受经营权流转、土地性质、防疫条件、环评审核等综合因素影响，问题越来越突出。公司计划在经营生产过程中，积极与政府对接，在已形成精准扶贫户

（贷款）＋政府（产业扶贫补贴、农户贷款贴息）＋企业（创建扶贫产业机制、承担农户贷款偿还责任）＋银行机构（农户扶贫放贷）＋保险机构（产业投保）＋镇村企监督委员会（落实精准扶贫产业机制）的模式下，积极筹集资金，实行订单养殖，带动周边农民脱贫致富。

（3）精准扶贫工作进度较慢、影响范围小　公司在近几年的快速发展中，始终坚持精准扶贫工作，公司通过产业扶贫、就业扶贫、智力扶贫和捐赠扶贫的方式在石头洼村和街子村充分发挥企业多方面优势，积极推进新农村建设和农村扶贫工作。但是公司还是在各方的条件制约因素和未形成有效产业扶贫模式的情况下，精准扶贫工作进度较慢、影响范围小。所以公司在近年来积极采用"种养加"于一体的绿色循环发展模式，带动周边农户通过"基地＋合作社＋农户"发展牦牛养殖业，基地采取"五统一分"的合作养殖模式，利用活畜交易市场、流转土地开展饲草料种植、科学养殖牦牛、屠宰加工一体化经营，废弃物资源化利用的绿色循环发展模式，不仅给公司创造了效益，同时也给周边农民生产生活提供了极大的便利，使联户联村、为民富民、精准扶贫提供了发展载体，间接带动周边农户致富增收，直接给玉米种植户每公顷增收 30 000 元，解决周边剩余劳动力就业 100 余人。

2. 企业与带动农牧户之间的利益链接机制工作情况　甘肃临夏州八坊牧业科技有限公司充分利用本地农户牛羊养殖的传统优势开展订单农业扶贫计划，采用"五统一分"（即统一养殖品种、统一防疫、统一圈舍标准、统一收购、统一饲料供应和分户单独核算）的模式发展肉牛养殖业，在牛收购过程中公司带动农民专业合作社 15 个、农户养殖户近 335 户。企业在经营生产过程中，已形成精准扶贫户（贷款）＋政府（产业扶贫补贴、农户贷款贴息）＋企业（创建扶贫产业机制、承担农户贷款偿还责任）＋银行机构（农户扶贫放贷）＋保险机构（产业投保）＋镇村企监督委员会（落实精准扶贫产业机制）的模式。

3. 效益分析

（1）经济效益　在牦牛养殖模式和肉牛养殖精准扶贫模式下，甘肃临夏州八坊牧业科技有限公司采取订单农业扶贫、土地流转扶贫、贫困户入股扶贫、"粮改饲"扶贫、就业扶贫相结合的形式，产生了较好的经济效益，带动了周边农牧户脱贫致富。公司土地流转 42hm^2，共有枹罕镇石头洼村、街子村土地流转农户 357 户，每年企业支付养殖基地土地流转使用金 167.5 万元，平均每户增收 4 691.88 元。公司与临夏市枹罕镇、南龙镇、折桥镇 1 800 多户建档立卡户签订菜单式精准扶贫到户入股资金协议，共吸收入股资金 1 800 多万元，每年向精准扶贫户保底分红 9%，年支付分红资金 162 万元。2018 年公司与枹罕镇聂家村、街子村等 6 个村签订了"粮改饲"玉米秸秆收购协议，共与 2 698 户玉米种植农户签订了约 300hm^2 玉米种植协议，2019 年共收购临夏州及周边地区玉米秸秆 5.5 万 t，农户可增收近 2 200 万元，平均每户增收 2 860 元。公司 2020 年育成出栏肉牛 8 400 头，育肥出栏牦牛 4 150 头，繁育犊牛 2 951 头，肉牛每头平均出栏增值 5 500 元，牦牛育肥出栏平均增值 1 500 元，犊牛按照 3 500 元计算，养牛收入 6 275.35 万元。公司还对聂家村、街子村、石头洼村等周边贫困户剩余劳动力采取"一户一就业"的方式进行就业扶贫，解决当地群众就业 145 人，平均每人年工资待遇在 2.5 万元以上，并间接带动1 200多人从事畜牧产业，而且公司目前带动精准扶贫户就业21户，给每户扶贫户制定了"就业扶贫一户一策帮扶表"，详细反映了扶贫户家庭基本情况，规划了帮扶计划和帮扶措施，由一名公司高管直接负责扶贫户脱贫问题，让精准扶贫工作落到实处。

（2）社会效益　临夏州八坊牧业科技有限公司利用牧繁农育技术模式，加快了产业结构调整，提高了良种畜比例和单畜产值，促进当地牦牛和肉牛产业的转型升级，有效推动传统畜牧产业向产业化、现代化方向发展；同时通过就业扶贫模式解决就业岗位1 200个，带动当地群众就近务工。由项目投资购买肉牛繁育基地繁育的西门塔尔牛、夏洛莱牛、安格斯牛、日本和牛、利木赞牛、秦川牛公牛，经由政府调拨到周边合作社进行饲养，生产优质肉牛以及在牦牛繁育带进行畜种改良和高效生产，由合作社带动贫困户，实现稳定脱贫和增加农民合作社集体收入。基地和合作社繁育的肉牛和娟黄杂交母牛育肥并出售，所获收益作为基地和合作社对草场租用、牧工工资、生产管理等生产费用的补偿，确保当地经济稳步增长，贫困户稳定脱贫。

（3）生态效益　养牛可使大量的农作物秸秆变废为宝，减少环境污染，通过过腹还田后，培育土壤肥力，增加土壤有机质，促进农业生产走向良性循环。同时公司开展饲料加工，每年收购临夏州及周边地区玉米秸秆5.5万t以上，有效节约了资源。开展牦牛舍饲育肥，在年生产畜产品数量不减少的前提下，年可淘汰出栏牲畜0.7万个羊单位，减少草场载畜量，使牧区草场达到草畜平衡、生态良性循环，实现减畜增效、优化结构、提升产业的目的。

4. 模式归纳总结　临夏州八坊牧业科技有限公司形成了"种养加"于一体的绿色循环发展模式，带动周边农户通过"基地＋合作社＋农户"发展肉牛牦牛养殖业，基地采取"五统一分"的合作养殖模式，利用活畜交易市场、流转土地，开展饲草料种植、科学养殖牦牛、屠宰加工一体化经营，以及废弃物资源化利用的绿色循环发展模式。

第七节 辽宁地区牛羊牧繁农育关键技术应用案例

一、辽宁朝阳市朝牧种畜场有限公司

(一)企业简介

朝阳市朝牧种畜场有限公司是一家以良种肉羊繁育和畜牧技术推广、服务为主营业务的公益类、科技型国有独资企业,成立于1995年,隶属于朝阳市国有资产监督管理委员会和朝阳市农业农村局。公司地处朝阳市近郊,占地6.8hm²,建筑面积15 000m²,以出售良种肉用种羊为其主营项目,每年售出种羊约520头。公司还为周边的养殖场(户)提供胚胎移植、人工授精和兽医服务等配套技术。虽然公司地理位置位于农区,但主要经营项目为种羊繁育和推广工作,属于"牧繁"性质的企业。

(二)企业在养殖过程中存在的问题及其解决办法

1. 企业在肉羊选种选配上存在的问题及其解决办法 朝牧种畜场有限公司作为一个种羊场,25年间一直在不断地对肉羊品种进行选种选配,同时也一直对辽宁省肉羊品种进行杂交改良,为周边养殖户提供相关的技术服务。但仍存在以下问题:

(1)**选种选育力度不足** 公司虽然20多年来持续进行选育工作,但是技术力量略有不足,导致选育工作进展不够理想。另外,公司以前最常用表型选育进行育种工作,选育效果不理想。

解决办法:表型选育方法简单易行,但是对技术人员的专业性有较高的要求,需要有理论与实践能结合起来的专业技术人员进行操作,而国内育种方面此类型的人才相对匮乏。在牧繁农育项目实施过程中,依托科研单位专向培养一些繁育实践能力较强的专业技术人员。在育种方法方面,在牧繁农育项目专家组的指导下,开展母羊标准化养殖关键技术示范推广,通过基因进行选育。希望通过这两种方法的引进,改变目前养殖场内表型选育工作进展缓慢的形势。

(2)**夏洛莱羊存在近交风险** 国内纯种夏洛莱数量十分有限,致使夏洛莱羊繁育受到很大的限制,品系内存在近亲繁殖的现象,继而引发了品种退化的风险。

解决办法:根据母羊标准化养殖关键技术的推荐,公司从4个方面进行改进。一是做好育种计划,按计划执行工作;二是定期调换种公羊;三是可以通过近交分析,做进一步的选育;四是尝试导入其他有资质种羊场的新鲜血液,但是需要特别注意品种的纯度。

(3)**存在混种现象** 朝阳市朝牧种畜场有限公司是纯种肉羊育种场,目前场内只进行6个品种纯种肉羊的生产,不进行杂交生产,但是目前育种场内偶有混血品种出现。这个问题与育种场内畜舍规划安排和饲养管理不够严谨有关。

解决办法:牧繁农育项目专家组在企业中示范推广肉羊数字化管理体系,利用智能化、信息化的管理手段解决公母羊划区饲养，防止窜舍偷配。

2. 企业在肉羊日常管理中存在的问题及其解决办法 公司曾经推行过扁平化管理，但这种管理方式使牧场人才梯队的培养出现断层，育种场内极度缺乏有经验的中层管理人员，导致一段时间内肉羊生产过程管理混乱、工作效率低下。

解决办法：在牧繁农育项目实施过程中，经项目专家组建议，企业推行肉羊数字化管理体系。第一，探索工业化生产的管理模式，精细管理、明确分工。经过改善后场内具有专门的保育人员、接产人员、饲喂人员等工种，减少人员浪费、明确考核指标、提高工作效率。建立成本核算机制。专门成立成本核算员岗位，对养殖数据和养殖成本进行系统的统计、归纳计算等，可有效集成针对本育种场的高效率低成本的养殖技术，达到提质增效的效果。第二，优化生产流程，缩短生产周期，提高生产效率。开展肉用母羊繁殖关键技术示范推广，以母羊繁殖周期为例，通过同期发情、人工授精、B超孕检等技术优化生产流程（图2-26），实现工业化养羊的流水线作业。将妊娠期—哺乳期—空怀期—妊娠期周期中每个阶段的时间缩到最短，达到生产流程的最优化。场内湖羊的妊娠期是167d，产仔后45d左右断奶，断奶后经过15d左右的营养调控（短期优饲）后直接配种，生产周期一般可达两年三产，甚至能达到一个周期仅为7.5个月，生产效率得到提高。第三，精准化生产管

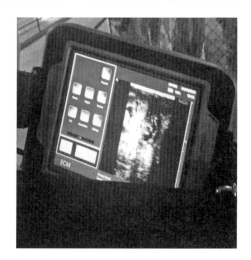

图2-26 B超孕检技术的应用

理。不同体重、不同生产阶段时期的羊所需要的营养水平并不相同，如种公羊对蛋白质的需求量比较高，蛋白质对于其精液的数量、质量和精子的寿命长短都有很大的影响，生产中种公羊的日粮粗蛋白水平以18％～20％为宜，在配种高峰期还应补充一定数量的动物蛋白。育种场内目前采用分阶段分群饲喂TMR进行营养调控，示范推广肉羊饲料加工关键技术，分别针对育成羊、繁殖母羊不同生产阶段（空怀期、妊娠初期、中期、后期）、种公羊配种期等制定饲料配方，给予不同的营养水平。这样既能提高生产性能，又可降低生产成本，减少浪费。此外，依托牧繁农育项目，公司邀请项目组专家，针对本地区的流行性疾病、育种场的疾病史和羊的具体情形，制定详尽科学的保健程序，包括消毒程序、保健程序、防疫程序等；场内技术员严格按照保健制度对场内的羊进行管理。

（三）企业经营现状

1. 企业经营过程中遇到的问题及其解决思路 朝牧种畜场有限公司原是独立经营的公司，对周边养殖户的影响主要是为其提供质优价廉的种羊、对客户进行技术培训和为农户进行人工授精及兽医技术服务等，对目前"肉羊因繁殖率、生产方式落后、产业化进程缓慢"的行业模式没有明显的改善。为降低公司和农户生产成本，达到工业化生产

肉羊的目的，公司拟将采取"公司＋家庭农场（农户）"的模式，规划一个成形的全产业链发展模式，解决群体大规模养羊业组织化程度低、交易成本高的缺点。

公司拟以县为单位，结合脱贫攻坚、乡村振兴等政策同步进行，协调发展。"公司＋家庭农场（农户）"模式采取统一供种、统一供料、统一技术服务、统一回收、统一资金扶持的"五统一"模式，共同发展肉羊产业。

（1）统一供种　针对现在没有从事养羊生产的农户，公司以市场价格提供一组肉羊（基础母羊 30 只＋公羊 1 只）。

（2）统一供料　肉羊的饲料主要由饲草和精饲料两部分组成，粗饲料主要可由农户以玉米秸、花生秧等自主解决，精饲料由公司提供。精饲料因公司直供，省去了中间环节，所以同等质量的饲料，价格要低于市场价格；试推广高丹草的种植养羊模式，高丹草每公顷产鲜草可达 150t，基本可满足 30 只羊 60％粗饲料的需要量。

（3）统一技术服务　公司将提供肉羊养殖的全程技术服务，并派技术人员全程跟踪，负责生产过程中的防疫、营养调控、驱虫、日常管理指导等；常规用药由公司统一采购，以"同质低价"提供给养殖户。约定范围内的技术服务是免费的，农户个性化服务仅收取成本费。

（4）统一回收　羔羊断乳后，养殖户按公司指定标准，统一由公司回收，并负责统一销售。销售价格比东北地区同期、同质（同品种、同性别等）肉羊的市场价格每 1kg 高 1.00 元。销售收入扣除公司成本后，按一定比例偿还银行贷款和利息，其他为农户收益。

（5）统一资金扶持　鉴于许多养殖户用于发展产业的资金不足，公司将以"农担贷"项目为依托，每户可借贷生产资金 5 万元，利息不高于同期商业贷款利息。

但是目前，若要实现"公司＋家庭农场（农户）"的模式需要以资金扶持作为切入点。而辽宁省的肉羊产业，保险支持的力度还不够，希望通过国家政策予以一定的支持，以解决企业发展难点。

2. 企业与带动农牧户之间的利益链接机制工作情况

（1）出售种公羊　种羊场将场内优良品种的种公羊以优惠价格出售给带动养殖户，可以改良肉羊品种，一只母羊的效益可增加 500 元，大大地提高了养殖户的经济收入，对整个辽宁省的肉羊品种起到了极大的改良作用。

（2）胚胎移植技术和人工授精技术服务　通过胚胎移植技术和人工授精技术服务，提高肉羊个体生产性能、饲料转化效率、出栏率和商品率，增加养殖户的经济收入，扶持规模养殖场、养殖专业户。

（3）对养殖户的技术指导和培训　通过对养殖场养殖户的技术指导和培训，将先进的养殖理念贯穿到养殖户的养殖过程中，逐渐改变肉羊繁殖率低、生产方式落后、产业化进程缓慢等行业现状。

3. 效益分析

（1）经济效益　朝牧种畜场有限公司现有种羊 1 137 只，根据该公司近两年统计，每只羊每天成本为 5.5 元，含饲料费、防疫费、保健费、人工费、水电费及固定资产折旧费等，全年成本合计 228.25 万元。公司每只夏洛莱母羊每年可净收入 3 500 元，每只萨福克母羊每年可净收入 3 000 元，每只湖羊母羊每年可净收入 3 000 元，杜泊母羊和无角道赛特母羊投入成本与收益基本持平。公司现有夏洛莱母羊 412 只，萨福克母羊 78 只、湖羊母羊 100 只，全年净收入为 197.6 万元。

（2）社会效益　朝牧种畜场有限公司一年出售优良品种种公羊约为 200 只，按照自然交配计，一只种公羊可以改良 100 只羊，公司一年可改良 20 000 只羊。改良后，一只母羊的效益可增加 500 元，一年创造的效益有 1 000 万元。朝阳市人口为 335 万，其中农村人口占 70% 以上，特别是随着产业升级后，50 岁以上的中老年人面临"无工可打"的窘境，开展公司＋农户的模式进行肉羊养殖，可以解决一部分中老年人的就业问题，为扶贫做出贡献。公司在牧繁农育项目实施过程中重点对贫困户开展帮扶和技术服务，特别是 2020 年新冠疫情期间为贫困户及时提供饲草，解决了贫困户"无米下锅"的困难。

（3）生态效益　朝阳市每年产玉米秸秆的可回收量达 380 余万 t（2017 年），饲养31 只羊的农户全年需要玉米秸秆 6t 左右，既节约了粮食资源，又减轻了秸秆焚烧对环境带来的污染。不但实现了绿色发展，而且能够变废为宝，实现增值。

4. 模式归纳总结　目前公司主要的经营模式是出售种羊和为带动农户提供技术服务的方式；正在探索"公司＋家庭农场（农户）"的模式。未来将重点尝试"公司＋家庭农场（农户）"模式，为农户提供价格低廉、生产性能优良的肉羊品种，统一购买精饲料，为农户进行技术指导，公司回收断奶羔羊后统一销售，通过贷款等对资金不足的农户进行资金支持，最终达到共同发展肉羊养殖的目的。

二、辽宁昌图县伟昊黄牛养殖专业合作社

（一）企业简介

伟昊黄牛养殖专业合作社位于辽宁省铁岭市昌图县亮中桥镇十间房村，于 2013 年 6月创立，固定资产 400 万元，共占地 4.2hm²，共有育肥基地、周转基地和母牛繁育基地3 处生产场所。合作社的经营范围包括肉牛育肥和黄牛中介。其中肉牛育肥主要是对合作社自产及外购的犊牛进行舍饲育肥。多年来，合作社依托黄牛交易市场开展黄牛中介服务，销售合作社自产肉牛、犊牛，也为外地客商提供犊牛或者架子牛的采购服务。合作社从地理位置和主体生产经营上体现了"农育"性质，但在黄牛中介和调运方面拥有"牧繁"性质。

（二）企业在养殖过程中存在的问题及其解决办法

1. 企业在肉牛选种选配上存在的问题及其解决办法　合作社的社员基本以饲养繁殖母牛为主，但是品种良莠不齐，包括西杂牛、夏杂牛、荷斯坦牛等，养殖过程中存在大小混养、不同品种混养的问题。

解决办法：在牧繁农育项目实施的过程中，项目专家组根据实际情况，在合作社内示范推广肉用繁殖母牛扩群增量关键技术，统一购买西门塔尔牛、夏洛莱牛等优良肉牛品种的精液，利用人工授精方式配种，改良当地肉用母牛品种。同时，在母牛的饲养过程中使用体况评分技术对牛的营养情况进行监控，并根据体况差异进行分群饲喂，经过

项目的实施，母牛群体数量增加，繁殖效率大大提高。

2. 企业在肉牛饲草料使用上存在的问题及其解决办法 合作社采取传统的精粗饲料分开饲喂方式，一是造成部分肉牛挑食、牛精饲料采食不足，从而生长缓慢或发生酸中毒等情况。二是在饲草方面主要以玉米秸秆和青贮玉米为主，没有考虑使用羊草等优质牧草，导致断奶犊牛由吃奶和精饲料直接进入采食以玉米秸秆、青贮为主的育肥日粮，引发犊牛腹泻等消化代谢疾病，严重的发生脱水死亡。

解决办法：第一，针对精粗分饲方式产生的问题，牧繁农育项目专家组建议合作社推广示范肉牛育肥关键技术，主要是按照育肥牛的营养需要进行全混合饲料饲喂，为此合作社购置了 TMR 加工饲喂设备（图 2-27）。合作社根据肉牛不同生理阶段和生产性能的营养需要制定日粮配方，使用专门的全混合日粮加工机械，按照一定的程序，将粗饲料、精饲料和各种添加剂按照配方比例进行充分混合后得到营养相对平衡的日粮。第二，充分利用本地区饲料资源，为合作社降本增效。辽北地区位于北方黄金玉米带，玉米籽粒、秸秆均是肉牛的优质饲料，同时拥有丰富的豆腐渣资源和酒糟资源。在项目专家组的指导下，合作社开展全株玉米青贮加酒糟饲喂肉牛关键技术示范推广，每年制作全株玉米青贮 3 500m³，基本可以满足养殖育肥基地的需要。第三，针对断奶犊牛过渡期腹泻的问题，合作社与牧繁农育项目专家组交流后，示范推广犊牛培育关键技术，合理制定和实施犊牛饲养方案，采取以"羊草＋玉米秸"的粗饲料组合方式饲喂犊牛，在 1 个月左右的时间内逐渐减少羊草比例、增加全株玉米青贮用量，最终过渡到"全株玉米青贮＋玉米秸秆"的育肥饲料组合，完全解决了断奶犊牛过渡期腹泻的问题。

图 2-27 TMR 加工饲喂设备

3. 企业在肉牛日常管理中存在的问题及其解决办法

（1）**环境卫生有待改进** 一是牛舍粪便清理不及时，而牛粪会滋生蚊蝇等害虫，所以应及时用铲粪车清理牛舍和运动场。二是牛舍内苍蝇过多，这会造成饲料污染。苍蝇不仅会传播多种细菌和病毒，导致肉牛抵抗力严重下降，从而引起牛的健康问题，还会影响肉牛的生产性能、生长发育和饲料利用率，甚至还可能导致人畜共患病的发生。

解决办法：使用灭蝇灯、灭蝇绳或灭蝇药物。

（2）精细化分群和精准饲喂需要加强　合作社的经营以肉牛育肥和黄牛中介为主，但在实际生产中缺乏对牛群的精细分群。一般粗略地将断奶后的犊牛与1周岁的育肥牛分到不同圈舍饲喂，1岁以上的育肥牛并未根据年龄和体重进一步精细划分和分开饲养。在精准饲喂方面，一是没有针对各个群体的单独日粮配方，1岁以上的所有育肥牛均按照一个日粮配方饲喂；二是在TMR日粮加工调制时，各种饲料原料没有准确称重，青贮饲料、玉米、干草的取用量完全按照饲养员的经验进行，部分精饲料和添加剂则随意添加，因此育肥牛的日粮配方比较粗糙，未能达到精准饲喂的生产要求。同时，合作社在外购肉牛运输的过程中，常会出现腹泻、肺炎甚至死亡的病例。

解决办法：根据肉牛育肥关键技术推荐内容，合作社在以下几方面进行了改进。一是对全场育肥肉牛开展准确细致的调查，在此基础上进行合理分群；二是对不同群体的肉牛进行TMR日粮配方研制，同时配备相应的饲料称重设备，按照TMR配方的要求对各类饲料原料分别称重调制。同时，项目专家组建议合作社进行肉牛长途运输管理关键技术推广示范，在外购肉牛装车前进行电解多维的灌服，在运输过程中注意观察牛的状况，基本上解决了长途运输中肉牛死亡的问题。

（三）企业经营现状

1. 企业经营过程中遇到的问题及其解决思路

（1）生产方面　存在养殖技术、疫病防控、设备配套等技术问题，特别是家庭经营的社员，对技术的掌握不理想，效益受到很大影响。合作社可以根据各社员家庭的劳动力情况和养殖经验等分别进行培训。在技术应用上，合作社带动社员采用TMR饲喂，并定期给予如疫病免疫接种、人工授精等技术的帮扶。此外，在断奶犊牛饲草过渡期使用羊草的方式取得了成功。

（2）经营方面　合作社逐渐形成了"市场＋合作社＋基地＋农户"的组织带动方式，以黄牛养殖和中介交易为龙头，带动了当地种植业、运输业的发展。

（3）金融保障方面　合作社通过黄牛中介得到持续的现金流支持，使得养殖场快速发展，并逐渐获得银行等金融机构的扶持。目前合作社主要采用个人资金＋银行贷款＋政府补贴＋民间借贷相结合的方式进行融资。存在的主要问题是银行贷款额度有限，不利于合作社规模的扩大。

（4）养殖保险方面　当前保险公司对每头牛的保险费用为每年200元，如果养殖50头肉牛，保险费用为1万元。在生产过程中如果牛伤亡只能赔付成本的1/3，也就是5 000元左右。而实际上，肉牛养殖生产过程中如果做好疾病防控，肉牛病死率不到1%，所带来的经济损失远远低于保险费用。因此，合作社所养殖的肉牛均没有购买保险。

（5）流通运输方面　肉牛运输原本可以使用高速公路上的绿色通道，免除高速运输费。但新冠疫情发生后，绿色通道不再开放，增加了养殖户购买犊牛的运输成本。例如，从昌图县到山东，运输60头牛的费用比原来增加2 000元，折算到每头牛则增加了34元成本。因此，对于江苏、安徽等内地农区的育肥牛养殖户而言，利润空间有所压缩。

2. 企业与带动农牧户之间的利益链接机制工作情况

（1）形成技术共享、让利于民的生产方式 合作社社员在交易市场选购优良品种的断奶肉犊牛或架子牛，或者从其他社员处购置犊牛，都由合作社提供行情信息并提供生产销售服务，包括生产设施的提供、饲草料的集中采购服务、饲草料加工服务、配种和疫病防治服务、粪便集中堆放、技术培训服务、统一销售服务等诸多方面，提升合作社的服务能力，减少养殖风险，增加合作社成员的收益。

（2）形成"权责明确、诚信共赢"的合作模式 合作社也为合作社以外的养殖户提供犊牛和架子牛采购的服务，按牛数收取中介费。合作社本着"诚信经营、服务周到"的理念，受到了广大客户的一致好评。黄牛交易中介所带动成立了交易调拨中心，并与运输经营中心形成稳定合作。交易调拨中心有3栋牛舍，可短期容纳200头牛，运输经营中心有10辆运输车可以提供运输服务。牛经交易后，将在调拨中心暂养7～15d，经观察一切正常后由运输经营中心送到客户手中。肉牛寄养每天收费10元/头，运输费用按路程收费。交易过程中的责任分配为：客户选购断奶犊牛后寄养2d以内发生疾病或死亡，由卖方承担；在运输过程中发生疾病由合作社负责；运输途中如发生交通意外等非疾病原因伤亡，则由运输中心车辆方负责。但如果在肉牛选购2d后的寄养、运输等环节一直有买方参与，则损失由买方承担。

此外，合作社与十间房村种植合作社签订协议，集中采购玉米、玉米青贮原料、玉米秸秆等，带动成立2个种植合作社。每年种植合作社为养殖合作社提供玉米及玉米青贮原料，养殖合作社的牛粪免费提供给种植合作社，并为他们提供整地服务，种植合作社将秸秆免费提供给养殖合作社。合作社还与酒厂、干豆腐加工厂签订协议，统一采购酒糟、豆腐渣等饲料，不但实现了变废为宝，更实现了共赢。伟昊黄牛养殖专业合作社将当地养殖业与种植业、加工业、运输业整合起来，围绕肉牛产业协调发展。

3. 效益分析

（1）经济效益 合作社成立以来，平均每年向市场提供交易肉牛6 500头。目前，合作社现有养牛户37户共136人。受新冠疫情影响，2020年合作社肉牛存栏量1 152头，已出栏360头，出售价格为32～34元/kg，牛出栏体重一般在750kg以上，每头牛的售价在24 000元以上，扣除购买牛的成本（13 000元/头以上）、10个月饲喂的饲料费、药费（4 000～5 000元/头），最终每头牛能获得4 000～5 000元的收益。目前，合作社年创利润500万元左右，解决200余人的就业问题。

（2）社会效益 合作社着重扶危助困，助力脱贫。合作社先将母牛以低价（每头12 000元，市价16 000元以上）"借"给贫困户（每户2～3头），待母牛产犊并销售获利后，再逐步偿还购买母牛的费用。合作社还解决了2个贫困户的就业工作，年工资4.5万元，年底根据情况发放奖金，每人每年收入可达6万元，目前已经成功脱贫。六年多来，合作社共带动贫困户6户19人，尤其是建档立卡贫困户通过养殖黄牛全部脱贫致富。

（3）生态效益 合作社与种植合作社签订青贮、黄贮协议，每年消化玉米秸秆133hm²，玉米2 000t，减少了秸秆焚烧，变废为宝；堆粪池可以堆放养殖产生的粪便，有效防止了牛粪乱堆乱放的现象，粪肥提供给种植合作社使用，真正实现了秸秆的过腹还田，有效降低了污染。

4. 模式归纳总结　合作社依托黄牛交易市场、标准化养殖小区、先进的养殖技术和丰富的养殖经验，以"提升服务能力、营造合作氛围、促进黄牛养殖事业发展"为宗旨和目标，形成了"市场＋合作社＋基地＋农户"的经营模式，"技术统一培训、黄牛统一供应、饲喂统一模式、防疫统一流程、饲料统一采购、兽药统一团购、信息统一发布、黄牛统一销售"的服务模式，以及"肉牛集中育肥＋繁殖母牛分散饲养＋黄牛中介交易"的效益模式，通过以上三个模式的运行，实现了降低养殖成本、化解现金流风险的目标，成功带动周边乡镇黄牛养殖、种植和运输业的发展。

第八节 内蒙古地区牛羊牧繁农育关键技术应用案例

一、内蒙古通辽市牧国牛业有限公司

（一）企业简介

牧国牛业有限公司（简称牧国牛业）位于内蒙古自治区通辽市科尔沁左翼后旗，是深圳市牧国科技投资集团有限公司（简称牧国集团）的全资子公司。目前在通辽市已开设的分支机构有：位于通辽市区孝庄河岸的通辽运营中心；位于科左后旗甘旗卡的管理中心；位于科左后旗巴嘎塔拉、散都苏木的第一、第二技术服务站（服务可覆盖 8 个乡镇）；位于科左中旗珠日河牧场、宝龙山镇的第三、第四技术服务站（服务可覆盖 10 个乡镇）；位于开鲁县辽河农场的大型养殖场（占地 2 300 亩的牧光互补项目）；位于科左后旗的东巴嘎塔拉养殖场。

（二）企业在养殖过程中存在的问题及其解决办法

1. 企业在肉牛选种选配上存在的问题及其解决办法

（1）牛群繁殖工作中对母本的重视不够　牧场在登记牛群基本资料时只注重父亲信息的记录，忽视母亲（外祖父）信息的完善，认为只要有父亲信息即可选种选配、避免近亲繁殖。尽管种公牛对牛群遗传改良的贡献率较大（可达 75% 以上），但牛性能的遗传与其母亲也有关系，完整的系谱信息（出生日期、胎次、父亲、母亲、外祖父等）是推荐公牛与避开母牛近交的直接选种选配依据。

解决办法：第一，做好种公牛的选种。在犊牛阶段，采用系谱资料结合犊公牛本身生长发育情况进行选择；性成熟以后，根据女儿的生产性能以及外貌进行测定。第二，做好种公牛的鉴定。包括系谱鉴定、体型外貌鉴定、后裔测定等。做好种母牛的选种，可以分别采用顺序选择法、独立淘汰法和综合选种法等。做好种母牛的鉴定，包括种母牛的系谱鉴定、体型外貌鉴定、生产性能评定、后裔测定等。

（2）只注重繁殖管理，育种工作开展不充分

解决办法：育种工作包括一系列的策略评估和方案规划，是通过牛遗传缺陷评估和生产性能测定，发现优秀个体、发掘优良基因，通过选配将优良基因组合成优秀基因型，以得到优秀后代的过程。繁殖工作是保证牛群正常产犊泌乳、发挥其经济效益的前提和保障；做好育种方案有利于繁殖工作顺利开展和健康发展，做好繁殖工作则能促进育种规划和选种选配方案落实和改进。繁殖母牛场的工作既要重视繁殖，也要重视育种。

（3）母牛繁殖技术有待提高

解决办法：经牧繁农育项目专家组指导，企业积极开展肉用繁殖母牛扩群增量关键技术示范推广，包括辅助繁殖技术、妊娠管理、繁殖管理等方面。在开展工作的过程中，

以下几个方面的管理是保证母牛繁殖效率的重要因素：

①围产期管理　需要提供平衡的日粮供牛自由采食，提供干净充足的饮水，提供足够的光照时间（每天 6～8h），舍内要保证空气清新，卧床要干净、干燥、松软，牛可自由活动的空间要充足。

②围产期保健　围产期前 12d 注射复合维生素 10mL，预防产后胎衣不下；在产犊前 3h 内将孕牛赶入产房，禁止在产房外其他区域产犊，尽量让其自然产犊，保持产房安静、干燥；产犊后灌服 40L 博威钙制剂，注射催产素、头孢类药物、氟尼辛葡甲胺等消炎镇痛药。此外，每天进行环境消毒，没有特殊情况禁止将手伸入阴道内，以免造成交叉感染，对胎衣不下的牛对症治疗，防止继发感染。

③产后子宫保健　即产犊 2h 内注射催产素或氯前列醇注射液 0.5mg，以后隔 14d 注射氯前列醇注射液 0.5mg，28d 再注射氯前列醇注射液 0.5mg，42d 再重复注射氯前列醇注射液 0.5mg，56d 注射氯前列醇注射液 0.5mg。注射后严格观察恶露排出情况，根据实际情况及时处理，促进子宫恢复，降低子宫炎发病率，使母牛尽早发情配种受孕。

④检查子宫炎发病率　挑选产后 30～60d 的牛，利用子宫炎探测器进行检查，检查阴道内、子宫颈处黏液状态（清亮、混浊、脓性）。如果黏液清亮透明，说明恢复很好，可以正常配种，如果黏液混浊带脓，说明有子宫炎发生，即使配种也很难受孕。同时应用外部观察加直肠检查，发现问题应及时采取治疗措施，并查找病因。

⑤做好发情鉴定　发情鉴定一般包括外部观察法、涂蜡笔观察法和直肠检测法。最常用的方法为外部观察法，也是提高发情鉴定率最好的方法。牛发情时间：晚上 12∶00 至早上 6∶00，占 43%；早上 6∶00 至中午 12∶00，占 22%；中午 12∶00 至下午 6∶00，占 10%；下午 6∶00 至晚上 12∶00，占 25%。各时间段都应有人观察发情，减少漏情的发生。涂蜡笔观察法是发情鉴定辅助方法，尾根涂蜡笔后每天查看 2～3 次蜡笔情况，结合配种记录或发情记录，及时找出发情牛。直肠检测法一般是和以上两种方法相互配合。原则上正常发情并可以配种的牛要求必须有发情行为，阴道内有透明的黏液，卵巢上有卵泡发育。

⑥做好人工授精　要检查养殖档案，确定母牛是否已配待检、是否妊娠、情期是否正常。每周定期检查精子活力（0.3 以上），不合格的禁止使用。精液解冻温度在 36℃，时间为 45s，最好使用恒温解冻杯结合温度计。输精枪保存在恒温套内，并以最快速度进行输精。精液解冻后在体外时间越短越好，原则上小于 5min。从第一次发情开始到实际进行人工输精的时间差为 8～12h，则受胎率最高。适时输精的上午/下午法则：早上发情 8～12h 后，下午输精，下午发情 8～12h 后，次日早上输精。输精操作原则是慢插、轻推、缓出，防止精液倒流或堵塞输精枪，如果输精时有精液流出或者牛仍持续爬跨，应间隔 10～12h 复配一次。

⑦繁殖疾病的治疗　母牛不发情（乏情）多数是由于持久黄体导致，可溶解黄体以促进发情。先注射促性腺激素释放激素 100μg，第 7 天注射氯前列醇注射液 0.5mg，第 9 天再注射促性腺激素释放激素 100μg。当发生子宫炎（脓性子宫炎）时，用聚维酮碘清洗子宫，配合氯前列醇注射液 0.5mg 进行肌内注射，促进脓性分泌物排出；也可用醋酸氟啶进行治疗，注意严格消毒，避免交叉感染。对于不孕牛，应及时找出不孕原因，加强

饲养管理及时治疗疾病，尽快恢复母牛的繁殖能力，使母牛及早配种受孕。

⑧适时胎检　初检在配种后 28d 用试剂盒进行早期诊断，或用 B 超进行早期诊断，或让技术较熟练的配种员进行直肠检查，确定母牛妊娠后精心护理；对未妊娠母牛进行同期发情处理，尽早配种。配种后 90～120d 进行复检，发现无胎牛及时处理。

2. 企业在肉牛饲草料使用上存在的问题及其解决办法

（1）母牛优质饲草料价格高，养殖成本高　新冠疫情、奶牛行业的兴起等带动了优质草料价格上涨，其中苜蓿、燕麦和羊草的价格上涨明显，给养殖业带来了成本高的压力。

解决办法：经牧繁农育项目专家组调研，建议公司充分利用通辽地区黄金玉米主产地的优势，使用丰富的玉米秸秆和青贮替代苜蓿或燕麦等价格偏高的牧草，有效降低日粮成本（图 2-28）。牧场日粮调制模式为 TMR 日粮模式，即足量秸秆＋常量青贮饲料＋常量精饲料。

图 2-28　饲喂肉牛玉米秸秆等粗饲料

（2）母牛混群饲养，精准饲养技术有待提高　母牛的发情率、产犊间隔以及犊牛出生时的活力都和母牛繁殖期的身体状况密切相关。公司在养殖过程中，母牛的体况差异比较大，分群饲养制度执行不到位。

解决办法：第一，积极开展肉用繁殖母牛扩群增量技术及肉牛营养需要与典型饲料配方关键技术示范推广，根据牛的体况评分（BCS）区分牛群中肉牛营养需求差异。使用 BCS 系统监控肉牛身体状况是评估生产效率的重要管理工具。虽然每头肉牛的理想体重可能不同，但所有肉牛的理想身体状况指标都是一样的，即 BCS 在 5～6。此外，使用体况评分系统可以直接在野外进行肉牛的身体状况评估，并不需要将牛圈拢起来。身体状况得分是用来估计肉牛以脂肪和肌肉形式进行能量储备的数字。BCS 的得分范围为 1～9，1 分是非常瘦，9 分是非常胖。肉牛的背部（腰椎）、尾根、臀尖、髋部、肋骨和胸部等部位可以用来确定牛的身体状况得分。第二，做好牛的粪便观察。根据粪便颜色和状态判断牛的营养和健康状况。牛采食新鲜的青草（新鲜苜蓿、黑麦草、青贮等），其粪便颜色会呈绿色；如果采食的粗饲料以干草（如稻草、麦秸、花生秧等）为主，其粪便会呈褐色；如果日粮谷物（如玉米、豆粕等）比例较大，其粪便会呈现一定的黄色。此外，如果肠道内胆汁排出量较大，则粪便也会呈现黄色；日粮过瘤胃及肠道的速度慢，粪便会呈现褐色，并且表面有黏液，呈现一定的光泽；胃肠道病变时粪便呈现深血红色时，可能是由于胃肠道病变（痢疾和球虫病）引起出血导致；沙门氏菌引起的感染会出现浅黄色或浅绿色腹泻粪样。出现以上情况时，应给予足够重视，并积极治疗。

3. 企业在肉牛日常管理中存在的问题及其解决办法

（1）场区消毒问题　牧国牛业辽河养殖场虽然管理严格，但也有可能遭受外界疫病的冲击，因此要强化各个环节的消毒工作。

解决办法：第一，保证人员和车辆进出消毒。肉牛养殖场门口或生产区的出入口设有消毒池，池内经常保持有2%烧碱水，进出的车辆必须通过消毒池，车体用2%～3%来苏儿溶液喷洒消毒。进入场区的人员须经消毒池消毒鞋靴；进入生产区的人员，先在消毒室内更衣洗澡，穿戴经过消毒的工作服、帽和靴，经消毒池后进入生产区。工作人员在接触畜群、饲料等之前必须洗手。第二，注重环境消毒。对生产区和畜舍的周围环境，每天清扫一次，并用2%烧碱水或0.2%次氯酸钠溶液喷洒消毒。第三，注意畜舍和畜体表消毒。对畜舍的地面、料槽、水槽每天应清洁消毒2次，水槽、料槽用0.2%次氯酸钠溶液洗涤；用0.2%～0.3%过氧乙酸或0.2%次氯酸钠溶液在畜舍内带畜喷雾消毒，每天进行1～2次，以杀灭肉牛体表、畜舍空气、地面及设备上的病原微生物。畜群淘汰或全部转出畜舍时要进行一次清扫和消毒，即先将畜舍彻底冲洗，待畜舍内地面干燥后，用2%～3%的烧碱水或0.2%次氯酸钠溶液喷洒消毒；此后关闭门窗，按每立方米空间用42mL福尔马林进行熏蒸消毒24h。经上述消毒后，畜舍空闲3～4周，再让新引进肉牛入舍。第四，妥善处理淘汰的病畜和尸体。禁止将患传染病的病畜及其尸体流入市场或随意抛弃。对病死畜的尸体，应由专人用严密的容器运出养殖场，投入专用的埋尸井内深埋或焚烧。

（2）牛争斗的问题　生产中，将不同体型和年龄的母牛、肉牛混养，会使饲养密度过高，易引起牛之间的争斗行为。

解决办法：牧繁农育项目专家组建议公司了解不同肉牛群体内部的等级关系，重点关注高风险类个体，如老龄、幼龄、小体型及大体型等个体。同时，应将易受争斗行为伤害的个体移出群体。

4. 企业在畜舍设计建造方面存在的问题及其解决办法　主要是牛舍保温和通风的问题。牧国牛业辽河养殖场地处北纬43°，冬季寒冷，受北方天气变化的影响，牛舍不仅要考虑夏季通风的需求，还要考虑冬季保温的需求。开鲁县辽河农场五分场采用"牧光互补"，即太阳能电池板上层光伏发电，下层建牛舍养殖繁殖母牛，进行生态养殖（图2-29）。

解决办法：对于室外散养的牛，牧繁农育项目专家组建议从三个方面解决保温问题。第一，在牛舍西侧建设挡风墙。视主要风向，在西面建

图2-29　利用光伏板改建的牛舍

立一排 2.5m 高的挡风墙，可以在冬季起到挡风作用（图 2-30）。第二，铺设牛床。用稻草铺垫而成的牛床堆在冰冻的地面上，形成一个保温层，让牛可以站或躺在牛床上，而不是裸露在地面上（图 2-31）。第三，让牛饮用温水。牛需要水分来进行有效的反刍和消化，一般牛每食用 1kg 精饲料要给予 3～5kg 的水。为牛提供恒温水槽（图 2-32），且恒温水槽应足够长，以便随时提供足够的饮水空间。牛需要饮用至少 35℃ 左右的温水，冰冷的水会使牛产生应激，引起感冒、食欲下降、瓣胃阻塞和生产性能下降等不良后果。

图 2-30　牛舍挡风墙

图 2-31　牛舍铺设的牛床

图 2-32　牛饮水用恒温水槽

5. 企业在肉牛辅助设施设备使用上存在的问题及其解决办法

（1）缺乏牛群处置的必需设备和设施　保定设施设备的缺乏导致肉牛养殖过程个别管理措施无法实施，牛群数据采集不全。

解决办法：第一，加设保定通道（图 2-33）。牛舍内设置长 40m、宽 1m 的保定通道，通道地面进行基础硬化。通道宽度应可调节，这样才能保证妊娠母牛、青年母牛和断奶犊牛均能正常通过。通道应具备牛入场处理、疫苗注射、阉割、去角、驱虫、更换或补打耳标、信息采集、疾病治疗等功能。第二，安装牛颈枷（图2-34）。牛舍饲喂栏杆安装牛颈枷，便于牛的保定，可在牛低头采食时灵活开合，便于兽医或配种员对牛进行常规体检、免疫、人工授精、妊娠检查、去角等操作。牛颈枷可避免牛互相抢食（防止出现以大欺小的现象），浪费食物，可节约饲养成本；在对牛群进行免疫、配种操作时，可辅助将牛进行保定，有效降低驱赶牛群的劳动强度，提高工作效率。

图 2-33　牛保定通道

图 2-34　牛颈枷

（2）称重、分群系统有待改进　通过称重，可监控后备牛生长情况及饲料利用情况，还可监控牛体受损情况、是否适合配种、能量平衡情况、其他产后疾病等问题。目前所使用的称重系统，普遍存在称重精度低、称重速度慢、不能实时对牛进行分群管理、称重过程中不能对牛进行保定等问题。

解决办法：牧繁农育项目专家组建议公司选用和引进牛全自动称重保定分群系统。功能上可实现智能称重、电子耳标识别、自动保定以及数据管理；性能上称重精度高、称重速度快、可实时分群管理肉牛、称重过程中可对牛进行保定；效率上在牛群分群、称重时，可提高工作效率。但目前具备以上性能的称重、保定、分群系统设备采购困难。

（3）福利养殖须完善，免疫流程须制度化

解决办法：牧繁农育项目专家组建议增加牛体刷拭次数，促进肉牛血液循环，提高牛舒适度；制定粪便清理和环境消毒制度，保持良好的养殖环境，防止疫病传播；定期进行牛的防疫保健。牧国牛业辽河养殖场目前实施以下防疫和保健计划：

口蹄疫，进行每年2～3次防疫，分别在3月、8月、11月采用口蹄疫弱毒疫苗进行免疫，犊牛0.5～1mL，1～2岁青年牛1～1.5mL，2岁以上成年牛2mL，肌内注射。

炭疽，每年7—8月进行，采用无毒炭疽芽孢疫苗1mL进行皮下注射。

布鲁氏菌病，每年3—9月进行，口服猪布鲁氏菌S2弱毒活疫苗8ml。

驱虫，到场后15d进行，采用驱虫肼0.07g/kg（按体重计）。

健胃，到场后20d进行，口服健胃散200g。

设施消毒1周1次，采用2%氢氧化钠溶液。

牛只消毒 1 周 1 次，采用 2% 过氧乙酸溶液。

（三）企业经营现状

1. 企业经营过程中遇到的问题及其解决思路　"牧国模式"尚需要多方协作才能顺利实施，如政府实施政策的延续性、银行对养殖户的审核程序及效率、保险承保机构服务产业的意识和作业方法、大量专业人才的引进、各项肉牛养殖基础性技术的实践等。仍需要加强政府、银行、保险、企业和养殖户的相互协调。

解决思路：需要进一步发挥地方政府的引导和推动作用，加强政府职能部门的现代肉牛产业发展意识，组织协调各方面工作有序开展。需要银行、保险公司调整涉农信贷和保险产品及服务方式，出台更优质的金融产品，让利农牧民。需要不断完善企业的技术服务体系建设，构建由专家和专业技术人员组成的专业技术体系，以及农牧民需要掌握的肉牛养殖的基础性技术体系。

2. 企业与带动农牧户之间的利益链接机制工作情况　牧国牛业在通辽市已开设的分支机构有：位于通辽市区孝庄河岸的通辽运营中心；位于科尔沁左翼后旗甘旗卡的管理中心；位于开鲁县的辽河养殖场；位于科尔沁左翼后旗东巴嘎塔拉养殖场；位于科尔沁左翼后旗的巴嘎塔拉、散都苏木的第一、第二技术服务站；位于科尔沁左翼中旗珠日河牧场、宝龙山镇的第三、第四技术服务站，可以覆盖和服务近 20 个乡镇。肉牛养殖"三位一体"繁育体系技术服务站（"三位一体"特指牧国模式中的信用合作、生产合作、供销合作），把分散的农牧民组织起来，向他们提供融资增信、物资集采供应、营养饲喂及疫病防控标准化技术培训、保底收购订单等各种核心支持。同时，依托肉牛追溯管理系统产生的肉牛活体生物信息数据，以工业化思维整合传统农业，实现精准饲喂、健康管理、疫病防控。一方面大幅度降低农牧民的养殖成本、肉牛死亡率，另一方面大幅提升肉牛繁育和育肥的生产效率和效益（图 2-35）。

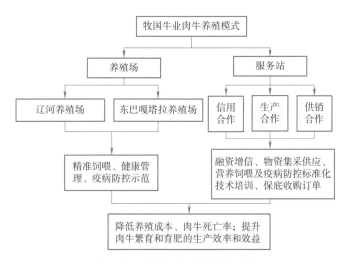

图 2-35　牧国牛业养殖模式示意

3. 效益分析

（1）**经济效益** 牧国牛业持续从国外引进优质能繁安格斯牛等品种，通过"政银保企农，科技＋金融"的方式，投放给养殖户。2020年年底前，仅在通辽市科尔沁左翼中旗一个旗县实现投放优质能繁母牛增量资金1.5亿元以上，盘活肉牛资产7 500头左右，按照合约规定回购犊牛7 000多头，养殖户可实现8 000多万元的收入、5 000多万元的利润。

（2）**社会效益** 牧国模式的推广，从根本上解决了困扰肉牛产业发展的金融瓶颈、肉牛活体生物资产确权问题，使得"家财万贯、带毛不算"成为历史，肉牛存量资产盘活，资产变资本，将释放巨大的行业发展倍增效应。"政银保企农"五方协同，极大地提高了广大农牧民的养牛积极性；牧国模式中的深耕农村基层的技术服务站和技术服务团队，使科学的、标准的、实效的肉牛养殖技术下沉到农牧民，实现"多养牛、养好牛、出好肉、多赚钱"良性发展，同时为懂技术、有丰富畜牧管理和疫病防控经验的人员提供了就业机会。随着企业不断发展壮大，模式效应的不断延伸，还会为更多的人提供致富的机会，为当地的经济发展贡献一分力量。

（3）**生态效益** 随着肉牛养殖的规范发展，开展秸秆回收利用、粪肥还田，实现良性循环，既可节约资源又可减少环境污染，改善了农村牧区的居住环境，获得了良好的生态效益。

4. 模式归纳总结 牧国牛业采用"政府＋银行＋金融保险＋公司＋农户"的模式。通过发放贷款、提供肉牛保险、组建基层技术服务站组织，形成公司与农户养牛的联结机制，形成资源库和资产包，调动消费市场和资本市场的主动权，从而实现公司和农户肉牛养殖的节本增效。

二、内蒙古通辽市洪泰农业发展有限公司

（一）企业简介

洪泰农业发展有限公司（简称洪泰农业）位于内蒙古通辽市开鲁县义和塔拉镇，养殖场占地面积200hm²，建筑面积10.58万 m²，是一家集母牛繁殖、优质肉牛育肥和活牛贸易的覆盖肉牛全产业链的大型现代肉牛生产企业。企业在经营模式上因地制宜，分别在内蒙古通辽和江西新余市渝水区建设了养牛基地，实行牧繁农育、北繁南育的经营模式，充分利用南北两地的地理和资源优势，实现经济效益最大化。

（二）企业在养殖过程中存在的问题及其解决办法

1. 企业在肉牛选种选配上存在的问题及其解决办法

（1）**育肥公牛抗病力差，日增重缓慢** 本场饲养的西门塔尔育肥公牛总体表现抗病力较差，饲养中主要发生的疾病是肺炎，主要症状表现为病牛免疫力下降、咳嗽、气喘、体毛粗乱、食欲不振、日渐消瘦，剖检死亡牛肺部呈现豆腐渣样。群体性治疗以抗生素治疗为主，最初使用普通抗生素治疗造成牛瘤胃菌群失调，生长性能降低。

解决办法：第一，采用德国生产的专克灵，药效可长达15d以上，同时采用口服益

生菌的方法来维持瘤胃菌群平衡，在一定程度上缓解抗生素造成的瘤胃菌群失调，既保证了病牛的成活率，又避免因使用抗生素造成的病牛免疫力下降问题。第二，利用杂交优势对西门塔尔牛进行杂交改良，方法是引进优良夏洛莱公牛冷冻精液，与本场饲养的纯种西门塔尔母牛进行杂交，产出的夏洛莱牛和西门塔尔杂种公牛后代外貌为淡黄白花色，偏白，经过精细化管理可以实现 3 个月断奶，哺乳期日增重比西门塔尔牛高 20％ 左右。杂交的公牛脖子粗，臀部宽大，肌肉长势明显，取得了良好的经济效益。同时，公

图 2-36　海福特母牛

司也引进一批海福特母牛进行杂交繁育。海福特牛具有体躯宽、增重快和采食好等特点（图 2-36）。

（2）基础母牛品种纯度不足，繁殖调控技术不完善

解决办法：为了保证繁殖母牛品种纯度问题，公司与中国农业大学合作，引进国外纯种西门塔尔牛的胚胎，并选择现有母牛群中优良的母牛作为受体进行胚胎移植，得到的纯种西门塔尔犊牛体质好、血统纯正。所产公犊牛经过良好饲养管理，培育成种公牛用于采精和交配，产生了良好的效益。在牧繁农育项目专家组指导下，公司示范推广肉用繁殖母牛扩群增量关键技术，制定"同期发情处理技术方案"，处理母牛受配率达到94％以上。2019 年对 34 头乏情和屡配不孕的母牛进行同期发情处理，处理后受孕 32 头，达到处理牛的 94％，受胎率大幅提高。

2. 企业在肉牛饲草料使用上存在的问题及其解决办法

（1）饲料成本过高　公司成立初期全部采用外购饲料，饲料成本高导致总体效益降低，不利于企业长期发展，并且不利于公司针对牛群各个生长阶段所需营养及时调整饲料配方。商品化饲料属于普遍适用型饲料，不能根据肉牛的实际情况补充营养。

解决办法：为了解决饲料成本问题，公司购买了全套饲料加工机械进行工厂化生产，运用肉牛精准饲料配方关键技术，根据本场牛群分类分群后牛的各自营养需要，随时对饲料做出调整。饲料的类型主要是浓缩料，根据牛群各个生长阶段不同的营养需要设计饲料配方和加工工艺，包括犊牛颗粒饲料、公牛饲料、母牛饲料等不同类型。犊牛颗粒饲料主要是饲喂哺乳期犊牛，公牛饲料又分为生长期饲料和育肥期饲料，母牛饲料分别针对生长期和成年两个阶段设计，粉碎玉米面、农作物秸秆、青贮和啤酒糟等按饲料配方用 TMR 搅拌机搅拌均匀后饲喂。在满足牛群各个生长阶段营养需要的基础上，把饲料成本适度降低，每头牛在育肥期间能节约成本 400 元左右。

（2）饲草品种单一　公司周边只有玉米青贮和玉米秸秆两种饲料，饲草单一，且适口性不好，不能满足牛群营养需要。

解决办法：经牧繁农育项目专家组指导，企业积极开展酒糟肉牛饲用化关键技术示范推广，同酒厂合作，利用酒糟来改变粗饲料单一的问题。冬季使用酒糟能够提高牛的

抗寒能力，可以在牛消耗大量能量御寒的情况下保持增重。酒糟的使用是和其他饲料一起通过 TMR 搅拌机搅拌。但用酒糟饲喂时，新旧酒糟混杂在一起，有可能造成饲料水分不均匀，出现牛营养摄入不均匀或霉菌毒素超标等问题。改进的方法是采用严格的现进现出制度，将新旧酒糟单独避光存放，并定期翻动防止霉变。青贮玉米的收储主要是采取订单的模式，公司在年初做出预算，根据预算的肉牛存栏量计算出一年所需的青贮量，然后与周边农户签订种植合同，农户负责种植、公司负责回收。公司每年青贮需要量为 2 万 t 左右，这样既保证了青贮的供应又保证了青贮的质量。青贮采用地面堆贮的方式加工，一般青贮贮存 45d 后即可以正常饲喂，制作好的玉米秸秆青贮与浓缩料、玉米、酒糟、生物发酵饲料等按饲喂配方用 TMR 搅拌机搅拌均匀后，分别喂给不同的牛群。

3. 企业在肉牛日常管理中存在的问题及其解决办法　存在的问题是一线员工业务能力水平低，饲养管理操作不规范。尤其是新进场的犊牛容易患病，恢复体况时间长，生长速度缓慢。

解决办法：公司每周组织员工进行业务能力培训，包括新购牛的运输应激处理、母牛发情症状的辨别、产前症状的识别、产后护理、新生犊牛的处理与饲养管理等，使员工的业务水平得到提升，也有助于提高牛群免疫力水平等。尤其在新进牛的管理上极大地降低了牛的发病率。新购进的牛到场休息 2h 后开始饮水，每头牛饮水量控制在 10L 左右，4h 后可以自由饮水，并且在水中添加电解多维、黄芪多糖、板青颗粒，然后开始饲喂一些易消化的优质干草。刚开始饲喂干草时要控制饲喂量，每头牛 2kg 左右，之后开始逐渐加量，5d 后可以自由采食，并开始逐步添加饲料，1 周后可以正常饲喂。其间，如果发现肉牛食欲差、不采食，则要单独进行治疗，基本 15d 后即可恢复到正常状态。健康的牛耳朵直立、反应灵敏、反刍正常、排便正常，不健康的牛被毛粗乱、食欲不振、耳朵耷拉。

4. 企业在畜舍设计建造方面存在的问题及其解决办法

（1）公司学习北美地区的围栏散养技术，建成了四栋散栏。散栏优点是造价低廉、饲喂方便、易于管理；缺点是每到春季刮风的时候，饲槽容易进入风沙，牛吃了沙土以后影响健康，使日增重降低。尤其雨雪天的时候，雨雪直接落在日粮里，会严重影响牛的采食。

解决办法：在饲喂通道上加盖简易棚。简易棚在夏季天气炎热时供牛遮阴，防止牛中暑、淋雨，改善了牛的福利和生产性能。

（2）牛舍里没有硬化地面，牛的粪尿不能及时清理，造成地面泥泞，导致牛肢蹄病发病率高。

解决办法：公司购进了一批铁路废弃的枕骨铺在牛采食站立的地方，既解决了硬化牛舍资金投入过高的问题，又解决了牛肢蹄病的问题。

（3）牛舍屋顶的排水设计不理想，边缘没有设计集水槽用于导流雨水，使雨水流入牛舍，从而加重了地面泥泞的问题。

解决办法：牧繁农育项目专家组建议对牛经常踩踏的采食和休息区域进行加固，减轻泥泞造成的采食和行动障碍，同时加强对牛粪的清理，防止湿牛粪和雨水堆积造成的泥泞（图 2-37）。

图 2-37　泥泞的牛舍（左）和改造后较干燥的采食区域（右）

5. 企业在肉牛辅助设施设备使用上存在的问题及其解决办法

（1）消毒器材耗费严重　公司成立之初购买的消毒器材，由于使用频率过高，造成机体损坏，既影响消毒效果，还浪费修理资金。

解决办法：企业自主设计了一台消毒车，用四轮车牵引，在车上放一个大容量的塑料桶，用洗车泵提供压力进行喷洒，这样既保证了消毒效果，又节约了修理费用，使用效果良好（图 2-38）。

图 2-38　自制消毒车

（2）不能及时掌握牛群的增重和健康状况

解决办法：公司购买了 2 台称重设备，每月对育肥牛进行称重，根据称重情况及时调整饲喂配方，既保证了牛群正常生长所需的营养，又能及时发现增重缓慢的牛并及时处理，极大地保证了育肥牛的效益。

（三）企业经营现状

1. 企业经营过程中遇到的问题及其解决思路

（1）肉牛养殖模式　因地制宜地探索肉牛养殖的合理模式是公司十分重视的问题。

公司在内蒙古通辽和江西新余市渝水区分别建有 2 个养牛基地。在通辽开鲁县义和达拉镇永进村属地建有一个面积 200hm² 以上的养牛基地，现存栏牛约 5 000 头，其中西门塔尔牛三代以上母牛 3 000 余头。该基地已订购国外良种母牛 5 000 头和良种胚胎 3 000 枚，主要品种是西门塔尔牛、红安格斯牛等。在新余市渝水区珊珊林场，公司建有一个养牛基地。该基地 2019 年存栏牛 1 200 余头，其中母牛 350 头，出栏 700 余头。洪泰公司南北两个养牛基地，定位各有侧重，北方内蒙古基地侧重良种繁育，南方基地侧重肉牛育肥。当犊牛在北方基地长到 300kg 左右时，先期做好免疫，再转运到南方基地养至 600kg 以上出栏。养牛实行北繁南育，可以充分利用南北地理气候和牧草资源的差异，从而取得较好的生态效益和经济效益。同时，通过与周边农户建立联结机制，提高了企业的经济效益和示范带动效应。

（2）粪污处理　公司肉牛饲养量大，牛粪产量较高，牛粪的清理和处理与牛场卫生、牛的健康和生产性能的发挥等有极为密切的关系，处理不当会造成巨大的环保压力。公司采用有机肥利用模式，有效解决了粪污处理的问题。以牛粪为辅料的有机肥，重金属含量低、肥效高。公司生产的有机肥，牛粪占 20% 左右，其他辅料主要是菜枯和腐殖酸，有机肥主要用于新余市蜜橘果园。

（3）产品销售　牛肉的销售是形成经济效益的最后一环，也是最重要一环。当前屠宰企业众多，对养殖企业的利润有所挤压，为了解决这一问题，公司成立了生产牛肉产品的食品企业，负责对牛肉产品进行深加工。

2. 企业与带动农牧户之间的利益链接机制工作情况　通辽市洪泰农业发展有限公司与通辽市国有运营投资有限公司共同成立通辽市洪奥股权投资基金管理中心（有限合伙），以股权转让的方式成功融资 4 000 万元。与碧桂园牧业有限公司合作，以代养的方式，向碧桂园牧业有限公司提供养殖场地、设备、人员及养殖过程中产生的费用，按照合同定期回购代养牛。代养牛成本超过 2 000 万元。

公司与周边农户形成了"公司+农户"的有机结合体，与农户的合作模式包括饲料采购和肉牛寄养：①与小榆树村合作种植青贮，种植面积 500hm² 以上，按当年市场价收购农户种植的青贮，带动农户每公顷收入 7 500 元。②与小榆树村农户签订代养协议，农户不需要投入，由公司提供牛饲料，代养时间 3 个月，之后以每头牛增重计算，增重 0.5kg 农户可取得 10 元收益。例如，每头牛每天增重 0.5kg，每个农户最少代养 30 头牛，3 个月代养期后农户收益 27 000 元（图 2-39）。

3. 效益分析

（1）经济效益　公司全年共销售牛 7 563 头，销售额约 1.07 亿元。其中销售青年母牛 2 838 头，销售金额为 0.41 亿元；青年公牛 2 568 头，销售金额为 0.32 亿元；育肥公牛 1 815 头，销售金额为 0.28 亿元；基础母牛 338 头，销售金额为 667 万元；犊牛 4 头，销售金额为 2 万元。全年共购入牛 7 318 头，金额为 0.83 亿元。其中购入青年母牛 4 786 头，购入金额为 0.53 亿元；购入青年公牛 1 964 头，购入金额为 0.2 亿元；购入育肥公牛 481 头，购入金额为 784 万元；购入基础母牛 87 头，购入金额为 135 万元。

（2）社会效益　企业立足自身肉牛全产业链发展优势，坚持"政府引导、企业为主、农户参与、市场化运作"的模式，发挥龙头企业带动作用，加强企业利益联结，积

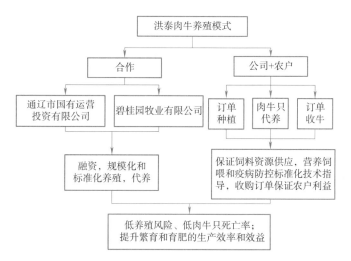

图 2-39 洪泰农业养殖模式示意

极构建"牛产业联盟",不断扩大企业规模,延伸产业发展链条,促进企业抱团发展,实现肉牛产业持续健康发展,吸附农牧民融入肉牛产业实现稳定增收。公司带动义和塔拉镇周边 2 200 户农牧民养牛 1.3 万头,种植青贮玉米 2 666hm²,促进秸秆转化增值 2 000hm²,带动就业 500 人,实现人均增收 2 000 元。

（3）生态效益 企业通过收购周边农户的青贮和玉米秸秆,有效地节约了饲料资源,实现了饲料的就近利用,同时也减少了秸秆焚烧带来的大气污染和资源浪费等情况。随着近年来各地禁止焚烧秸秆的法令实施,公司通过自己的经营扩大了养殖的生态效益。

4. 模式归纳总结 企业以"政府＋公司＋农户"的模式不断深化发展,在南北两个肉牛饲养场分别形成了肉牛养殖、有机肥加工和休闲食品生产的模式。

图书在版编目（CIP）数据

农牧交错带牛羊牧繁农育关键技术和典型案例／农业农村部畜牧兽医局，全国畜牧总站组编. — 北京：中国农业出版社，2021.12

ISBN 978-7-109-29064-8

Ⅰ．①农… Ⅱ．①农… ②全… Ⅲ．①农牧交错带-养牛学-研究②农牧交错带-羊-饲养管理-研究 Ⅳ．①S823②S826

中国版本图书馆 CIP 数据核字（2022）第 007111 号

中国农业出版社出版

地址：北京市朝阳区麦子店街 18 号楼

邮编：100125

责任编辑：王森鹤

版式设计：王 晨 责任校对：沙凯霖

印刷：中农印务有限公司

版次：2021 年 12 月第 1 版

印次：2021 年 12 月北京第 1 次印刷

发行：新华书店北京发行所

开本：787mm×1092mm 1/16

印张：11.25

字数：252 千字

定价：68.00 元